高等职业教育建筑类专业系列教材
"十三五"江苏省高等学校重点教材

图说建筑装饰
施工技术

陈永 编著

机械工业出版社
CHINA MACHINE PRESS

本书为"十三五"江苏省高等学校重点教材。本书在总结编者多年室内设计与指导装饰施工、政府采购评标实践经验的基础上，摒弃了市面上绝大部分同类书以文字为主、与现行市场工艺脱节的编写模式，通过现场拍摄施工图片，以创新的图说形式详细地讲解了建筑装饰施工的主要工作过程、工艺逻辑以及材料与施工等知识和技能。本书图文并茂、浅显易懂，适应信息时代下人们更愿意通过读图收获知识的特点。

本书共六个项目，分别介绍了零星拆除与水电管线布设施工，零星砌筑与墙、地砖镶贴施工，石膏板吊顶等现场木作施工，室内墙、顶面乳胶漆刷涂施工，实木免漆地板、强化复合地板、实木复合地板、竹地板等现场安装施工以及室内墙、顶面裱糊施工。

本书可作为高职与本科院校建筑装饰施工技术专业、环境艺术设计专业、工程造价专业等相关专业用书，也可作为企业岗前培训用书，还适合作为农村剩余劳力转移的技能培训用书或者初学者自学用书。

为了便于教学，本书配套有教案、教学计划、电子课件、微课视频以及竣工验收标准等教学资源。凡使用本书作为授课教材的教师，均可登录 www.cmpedu.com 下载使用，也可加入装饰设计交流 QQ 群 492524835 免费索取。如有疑问，请拨打咨询电话 010-88379375。

图书在版编目（CIP）数据

图说建筑装饰施工技术/陈永编著.—北京：机械工业出版社，2020.12（2024.8重印）

"十三五"江苏省高等学校重点教材　高等职业教育建筑类专业系列教材

ISBN 978-7-111-67177-0

Ⅰ.①图…　Ⅱ.①陈…　Ⅲ.①建筑装饰－工程施工－高等学校－教材　Ⅳ.①TU767

中国版本图书馆CIP数据核字（2020）第255440号

机械工业出版社（北京市百万庄大街22号　邮政编码100037）
策划编辑：陈紫青　责任编辑：陈紫青
责任校对：张　薇　封面设计：马精明
责任印制：李　昂
北京捷迅佳彩印刷有限公司印刷
2024年8月第1版第3次印刷
210mm×285mm·15印张·453千字
标准书号：ISBN 978-7-111-67177-0
定价：75.00元

电话服务　　　　　　　网络服务
客服电话：010-88361066　机　工　官　网：www.cmpbook.com
　　　　　010-88379833　机　工　官　博：weibo.com/cmp1952
　　　　　010-68326294　金　书　网：www.golden-book.com
封底无防伪标均为盗版　机工教育服务网：www.cmpedu.com

　　根据中国装饰行业门户网站初步数据统计和专家分析得知,家居类装饰是目前国内建筑装饰最大的市场。全国从事装饰工程的队伍中,从事家居装饰的工人数占总人数的一半以上。尤其是从2015年起,各大商业巨头和大型装饰公司也纷纷涌入家居装饰市场,可以说,家居装饰市场前景良好。编者分析总结自己多年室内设计与指导装饰施工、政府采购评标的实践经验,发现高职院校甚至本科及以上的建筑装饰类专业毕业生主要从事家居室内设计与装饰施工。虽然家居装饰项目工作量小,但装修程序更加全面,每个家居项目硬装施工都历经"零星拆除工程——水电布管线工程——零星砌筑与镶贴工程——现场木作工程——涂裱工程——木作与水电安装工程"等,硬装竣工验收后才能进行后期的软装工程;而且近年来,业主对施工质量的要求也越来越高,甚至高于一般公共装修的要求,家居装饰公司为了招揽业务,必须要在施工质量上狠下功夫,按国家规范要求进行施工,甚至大部分公司自行制定了高于国家规范的企业施工标准。本书总结了编者多年的实践经验,将长三角地区家居装修市场上比较前沿的装饰施工工艺整理成册,用于高职院校建筑装饰类专业的施工教学,也可以用于应用型本科院校相关专业的施工教学,还可以用于企业岗前培训、农村剩余劳力转移技能培训。

　　本书基于装饰施工的工作过程,按家居装饰施工先后顺序组织内容,拍摄了大量现场施工实景和材料图片,按需整理并对施工图片配以简明扼要的文字说明,以图说方式讲解了施工知识和技能要求。本书图文并茂、浅显易懂,适应信息时代下人们更愿意通过读图收获知识的特点,让应用型本科与职业院校学生、企业员工和农村剩余劳力读图学习,学得直观,学有所用。

　　在编写过程中,编者参考了一些装饰材料专业网站,找寻新型装饰材料与施工工艺,也得到了叁陆柒环境艺术设计(常州)有限公司等多家公司的大力帮助,得以在众多施工现场拍摄施工图片;此外,机械工业出版社陈紫青编辑也提供了编写指导,在此表示深深的感谢。

　　由于编者的知识和能力有限,书中不足之处在所难免,敬请读者朋友批评指正。

编　者

Contents／目录

01 / 项目一
零星拆除与水电管线布设施工

根据装饰施工工艺，正式进场施工前，装饰公司和业主都需要进行各自的开工准备；待施工进场后，先按施工图纸进行零星拆除、清理垃圾，接下来进行水电管线的布设施工。

工作过程一　进驻施工现场前的准备工作

一、业主的准备

装饰公司进驻工地开始施工前，要告知业主进行以下准备：

首先，业主需到小区所在物业公司办理装修手续。

另外，业主需带上自己的不动产证、房屋结构图和装饰公司提供的局部非承重墙体等零星拆除的图样（图1-1），到所在地指定的房屋安检部门办理局部非承重墙体的拆除审批。鉴定中心工作人员一般会提前一天通知申请人到现场查勘、鉴定，申请人应积极配合并提供查勘、鉴定条件，共同做好现场查勘、鉴定工作。一般情况下，现场查勘、鉴定合格后，业主能在一周后拿到墙体改动审批证。两证齐全后，业主告知装饰公司，即可正式进场施工。

另外，如果有业主需要用铝合金封闭阳台、安装中央空调、铺设地暖等，需要提前与设计师沟通，尽快确定铝合金颜色、中央空调及地暖厂家，以免影响后续施工而延误工期。

二、装饰公司的准备

在业主办理各种手续的同时，装饰公司应根据项目的设计风格、业主的施工要求等具体内容，安排适合的项目经理和施工工人。

接着，被安排的项目经理要掌握项目的整套施工图纸和项目预算清单，熟悉项目施工内容、具体的造型、用料、报价等，做到项目施工前心中有数，并记录图样和预算清单上不明确的部分，等待开工前再与设计师详细沟通，解决不明确的问题。

装饰公司接到业主两证齐全的通知后，带上其营业执照复印件、施工工人的身份证复印件等，到项目所在的物业公司办理装修入场手续和装修工人的出入证。

最后，与业主确定最终进场施工日期，等待正式进场施工。

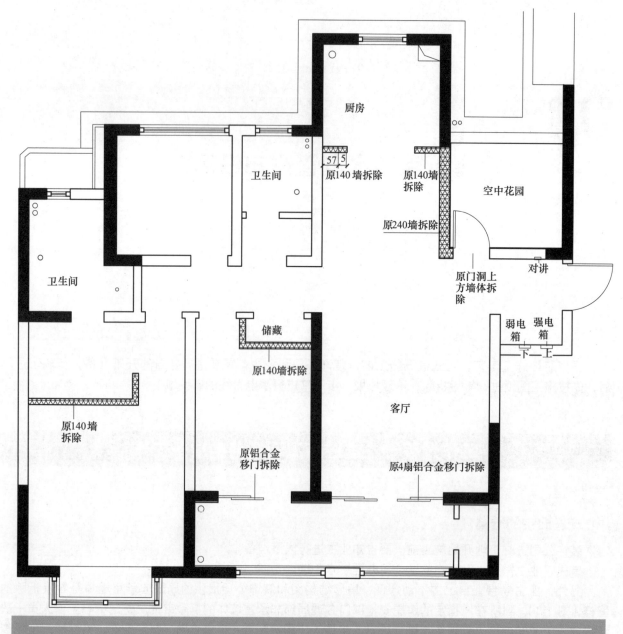

厨房

卫生间

57 5
原140墙拆除

原140墙拆除

空中花园

原240墙拆除

对讲

原门洞上方墙体拆除

弱电箱 强电箱

下 上

卫生间

储藏

原140墙拆除

原140墙拆除

客厅

原铝合金移门拆除

原4扇铝合金移门拆除

图上都会标明拆除墙体的具体位置、厚度、宽度等详细的施工信息，识读时一定要仔细，以免影响施工。

图1-1　原墙体局部拆除示意图

工作过程二　非承重墙体零星拆除、铲墙皮

　　按约定的开工日期，业主、装饰公司设计师、项目经理、部分工人和施工监理等人员会聚于项目施工现场，安放好施工用具，然后举行开工仪式，即进入正式施工阶段。

　　一、设计师技术交底、项目经理施工标记

　　装饰公司的设计师拿出施工图给项目经理进行技术交底，确认施工的具体内容；同时，项目经理会用记号笔在施工基层上标注需要施工的部位、尺寸等基本信息，以便安排工人进行施工。规范的整套施

工图纸中都包括非承重墙的墙体改动图，如图 1-1 所示。

二、施工现场水电检查、已有成品保护

设计师交底并确定施工内容无遗漏后，接下来，项目经理和施工人员将进行以下工作：

1）检查项目施工现场是否通水、通电。

2）用公司专用保护膜（膜上都会印刷公司名称、电话等基本信息）保护施工工地上已有的门、窗等容易破损的构部件，如图 1-2 所示。这样做一来可以减少施工过程对该构部件成品的损害，二来也可以为公司进行宣传。

图 1-2　进户门、阳台门、窗等成品的专业保护

3）装好项目经理和工人自用洗手盆和马桶（临时马桶），如图 1-3 所示。以前工地上使用陶瓷简易马桶，目前多用塑料简易马桶。

自用简易马桶，塑料制品，漏斗直接放在马桶坑管上，规范的公司会在马桶盖上印上企业的基本信息。

图 1-3　安装自用简易马桶

4）洒水检查各房间的地漏，确认无堵塞后，封堵所有地漏，用专用盖子盖住下水管等管道口，如图 1-4 所示，以防施工过程中建筑垃圾或其他物体落入下水管中，造成管道堵塞。

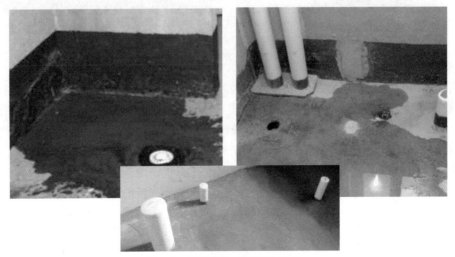

图 1-4　检查地漏、封堵下水管道

三、非承重墙体零星拆除、铲墙皮

上述工作完成后，项目经理就会安排工人进行墙体敲拆。

1. 工具、用具准备

项目经理和敲墙工人带到施工现场的敲墙工具如图1-5所示。

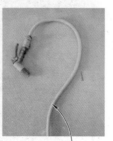

电锤、手动切割机、灭火器、铁锹、长柄铲刀、电缆插座、扫把、簸箕等　　手推小翻动车、防护用具　　喷水枪和足够长的水管

图1-5　敲拆墙体、墙皮铲除工具、用具

图1-6　原墙体局部拆除示意图

2. 敲墙

按项目经理的指示，着重强调施工安全后，工人按墙上的施工标注进行墙体敲拆、建筑垃圾装袋、清扫施工现场等一系列施工，如图1-6～图1-8所示。

图1-7　袋装垃圾示意图　　　　　　　图1-8　敲除并清理垃圾后示意图

3. 铲墙皮

铲墙皮即铲除墙面、顶面已有的乳胶漆装饰层。很多商品房都在房屋交付前对水泥毛坯房墙面进行简单的乳胶漆装修，这层乳胶漆装修，俗称"墙皮"。有乳胶漆装修的商品房空间效果明显比水泥墙面的毛坯房好，如图1-9所示；但简单的乳胶漆装修腻子、乳胶漆用料和施工质量都存在明显的问题。经验表明，90%的房子都会出现腻子层松散、掉粉严重等现象。如果在项目施工现场用尖物（如钥匙等）刮割乳胶漆腻子层，腻子层坚硬，无掉粉等现象，则没有必要铲除乳胶漆饰面层，只需在原面层上刷墙锢，之后重新批嵌腻子施涂乳胶漆即可；否则，必须全部铲除。目前市场上的装饰公司都要求新房装修前铲除墙皮，铲除后刷墙锢，之后重新批嵌优质的腻子、施涂优质的乳胶漆，以满足施工质量要求，如图1-10～图1-12所示。

图 1-9　有乳胶漆装饰层的商品房

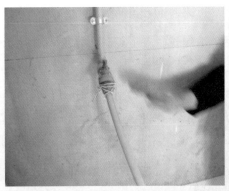

喷水设备一端一定要紧固在水龙头上，防止喷洒过程中接口漏水，影响后续施工。

图 1-10　紧固水管至水龙头上

在墙体上喷洒清水时，应自上而下，力求喷洒均匀，确保地面无明显积水，防止水漏到下面楼层。喷洒一定面积后，即可进行铲除施工。

图 1-11　向墙面喷水

必须注意，铲除原墙腻子层时，不能破坏腻子层底部的网格布，否则会造成后续乳胶漆施涂后面层的开裂。另外，为了确保施工质量更好，有的装饰公司要求在重新批嵌腻子之前，在墙面上重铺网格布，但这样做的工程造价较高，若经济条件允许，建议采用这种方法。

图 1-12　铲除已浸湿乳胶漆

　　铲除墙皮的过程中，对如铝合金窗框等细小局部的成品保护，如图 1-13 所示。重复上述施工操作，直至顶面、墙面乳胶漆装饰层全部铲除，如图 1-14 所示。

图 1-13　铲墙皮时，新装铝合金窗框的局部保护

图 1-14　乳胶漆装饰面层全部铲除的空间

四、施涂墙、地锢

清理完现场后，基层表面应坚实、无浮灰和油渍，开始刷涂墙锢和地锢（一种聚合物混凝土界面处理剂），如图 1-15 和图 1-16 所示。

施工前仔细查看聚合物混凝土界面处理剂外包装上注明的品名、种类、生产日期、储存有效期、使用说明等，一定要按施工说明进行施工，用辊刷涂布在基层，涂布一至两遍。墙锢和地锢可以避免地面起沙、起尘，刷了墙锢和地锢的工地现场外观比较整洁。聚合物混凝土界面处理剂还有一个重要的作用，它可以使基层密实，提高光滑基层界面附着力，增强墙、地面上铺砖或者乳胶漆等所用材料与墙面、地面的附着力，从而提高其黏结强度，防止空鼓。

图 1-15　墙锢辊涂中　　　　　　　　　　　　　　　　　　　　　　图 1-16　地锢施涂后效果

五、弹画施工水平线等基准线

施涂墙锢和地锢并等其干透后，即可在墙面弹画水平施工标准线、阴角阳角标准线等。目前，使用激光水平仪找平，墨斗弹线，如图 1-17 和图 1-18 所示。

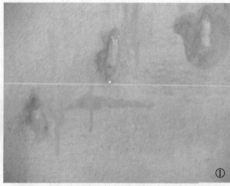

①

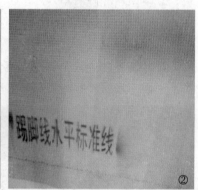

① 按仪器使用说明进行定位、调平、找平等一系列工序。

② 激光红外线对正在墙面上。

③ 沿激光水平仪器发射在墙面上的激光红线，用墨斗弹线，并在弹线附近喷涂线名。

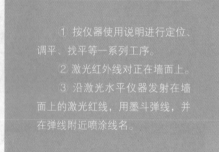

②

③

图 1-17　激光水平仪找平　　　　　　　　　　　　　　图 1-18　施工基准线弹画示意

另外，如果有业主需要用铝合金封闭阳台，那么出于财产安全和防盗考虑，可以在墙体敲除后、装饰公司水电工未进场前完成安装，因为水电施工进场会有很多工具、电线等。铝合金封闭阳台必须由专业铝合金施工人员施工，由于安装铝合金不是装饰公司施工的项目，因此在此不作介绍。

工作过程三　水电管线布设施工

上述施工结束后，即进入水电管线布设施工环节。水电管线布设施工应遵循"先开槽，后布线；先布电，后布水"的原则。

一、管线开槽

1. 工具、用具准备

水电布线施工常用工具、用具包括电锤、钢锯、钳具、专用热熔机、剪刀等，如图 1-19 所示。

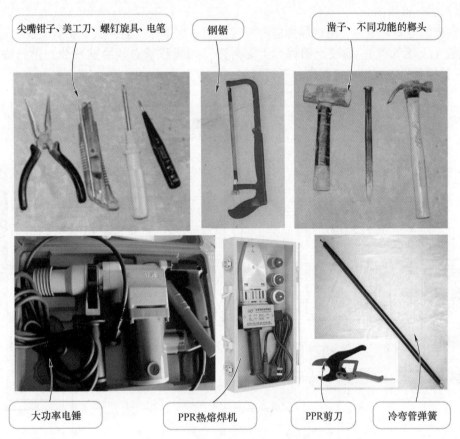

尖嘴钳子、美工刀、螺钉旋具、电笔　　钢锯　　凿子、不同功能的榔头

大功率电锤　　PPR热熔焊机　　PPR剪刀　　冷弯管弹簧

图 1-19　水电布线施工常用工具、用具

2. 现场准备

水电施工员会凭借施工经验，将所需设备分批带到施工现场，如图 1-20 所示。有些先到的设备，水电工师傅会将工具、用具安放在不易碰到的地方。一般情况下都会放在飘窗上。

3. 设计师技术交底、水电工标记

设计师必须到项目施工现场给项目经理和水电施工员进行技术交底。如果该项目需要安装家用中央空调，设计师还要给空调安装公司工人进行定位交底，规范的整套施工图样有开关布置图、插座布置图、家用中央空调定位图等，如图 1-21 ～ 图 1-26 所示。

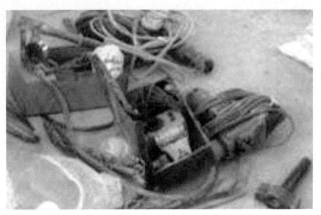

图 1-20　初次带至施工现场的水电施工工具、用具

　　设计师带着施工图根据施工规范进行交底，同时，水电施工员根据交底内容在墙上用木工铅笔或有色粉笔标出开关、插座、管线等的位置，如图 1-27 所示，直至完成所有任务。

　　上述过程涉及的水电施工规范与验收标准如下所述，详细内容参见本项目工作过程四。

　　1）强电线管走墙，弱电线管走地，或者地面强弱电线管走地，但必须分开 300mm 以上。

　　2）电源插座距地面一般为 300mm，开关距地面一般为 1400mm；如有特殊需求则按特殊情况处理（如壁挂式空调插座）。

　　3）水管尽可能走墙（目前长三角、珠三角等不少地区走顶、走墙）；冷热水管安装应左热右冷，正常间距 100 ～ 150mm，线卡间距不小于 800mm；PPR 水管墙面开槽深度不低于 30mm。

　　4）所有施工用线必须穿入管中埋墙敷设，线槽应横平竖直，空心楼板除外（空心楼板用护套线），强弱电不能穿入同一根管内。

　　5）同一室内的电源、电话、电视等插座面板应在同一水平标高上，高差应小于 5mm。

　　6）煤气管（天然气管），必须走明管，不能封死，如需移管必须由燃气公司进行操作；电线管、热水管、煤气管相互间应保持一定距离，不得紧靠。

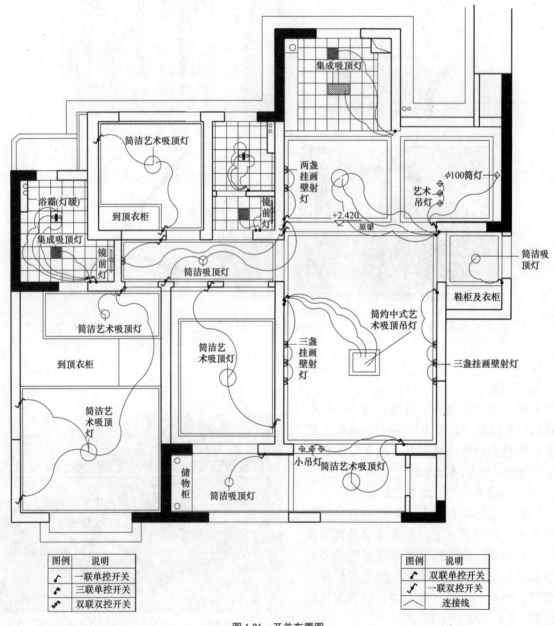

图 1-21　开关布置图

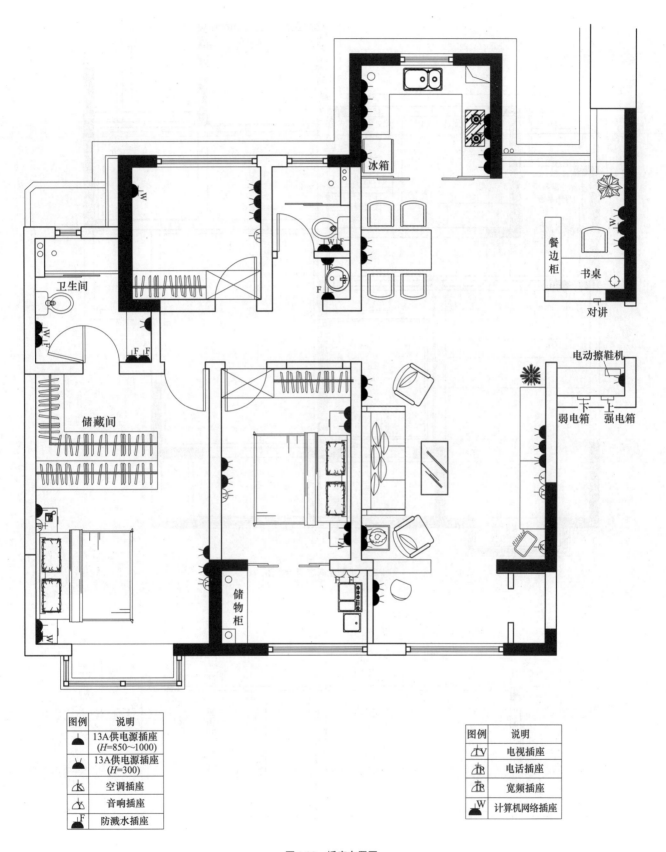

冰箱

餐边柜

书桌

对讲

卫生间

储藏间

储物柜

电动擦鞋机

弱电箱 强电箱

图例	说明
	13A供电源插座 ($H=850\sim1000$)
	13A供电源插座 ($H=300$)
	空调插座
	音响插座
F	防溅水插座

图例	说明
TV	电视插座
TR	电话插座
TB	宽频插座
W	计算机网络插座

图 1-22 插座布置图

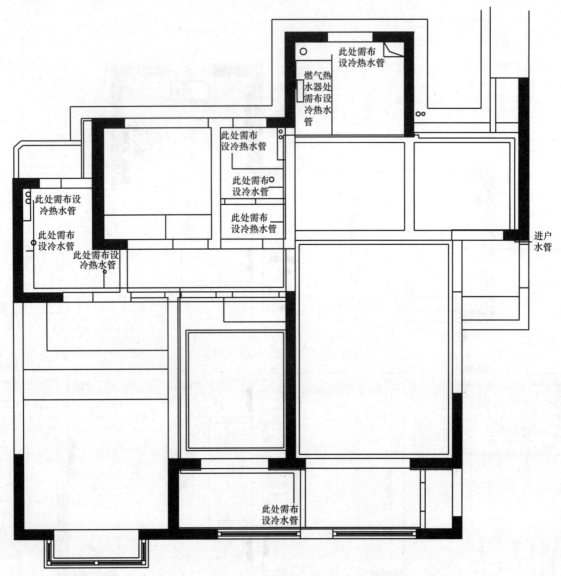

图 1-23　水管走向布置示意图

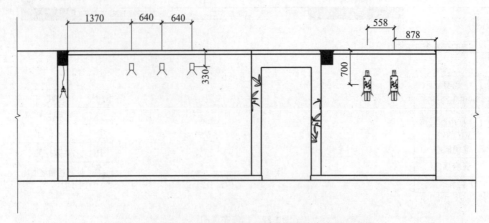

图 1-24　客厅、餐厅、走廊西立面壁灯定位高度和尺寸图

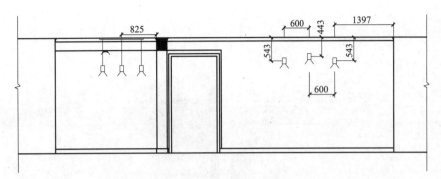

图 1-25 客厅、餐厅东立面壁灯定位高度和尺寸图

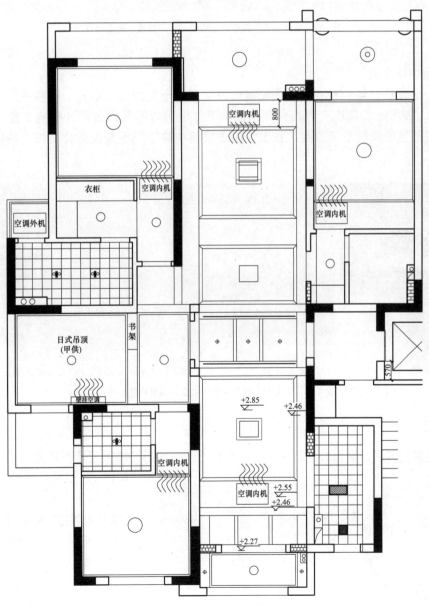

图 1-26 家用中央空调、壁挂空调定位图

图 1-27　水电施工员按技术交底标记施工位置、施工项目

4. 安装家用中央空调

施工交底、定位后，可由专业公司先安装中央空调，电线预留足够长；安装后，室内机要进行防尘保护，如图 1-28 所示。在施工界面允许的情况下，也可以等装饰公司开槽施工完，与装饰公司的水电施工员布设管线的同时交叉安装、施工。由于安装中央空调不是装饰公司施工的项目，在此不做介绍。

图 1-28　专业公司安装家用中央空调并进行防尘保护

5. 开槽施工

家用中央空调安装后，装饰公司开槽施工。原则上，先墙面开槽，后地面开槽。

重点防护口、鼻、眼、耳、头、颈等部位，确保包裹严实。

1）工人进行必要的防粉尘保护，如图 1-29 所示。

2）对照施工图复核施工基层上的标记，确定无误、无遗漏后，水电施工员按施工规范进行水电开槽施工，如图 1-30 所示。这种用手持电动切割机进行墙基层开槽的施工方法是目前工地上常用的施工方法，但会造成扬尘、污水等污染，因此发明了如图 1-31 所示的边切

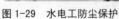

图 1-29　水电工防尘保护

割边吸尘的电动切割机切割基层。

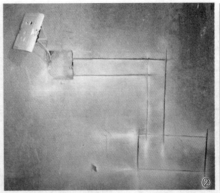

①用电动切割机在墙面基层标记处切割；灰尘过大时，边切割边挤少量水在切割位置，要求控制水量，水过多则会影响施工。

②横平竖直地切割。

图 1-30 手持电动切割机切割基层

该电动切割机与吸尘器相连，虽然解决了手持电动切割机开槽施工产生的扬尘、污水等污染问题，但机器价格高、体积大、运输不方便，最终没能在家居装修工地上广泛使用。

图 1-31 边切割边吸尘的电动切割机切割基层

3）电锤凿槽，如图 1-32 所示。

①用电锤开凿开关暗盒和管线槽，槽深要适中，满足暗盒和线管适埋，不宜过深或过浅，否则会影响施工。

②开凿过程中，用暗盒预排来检验开凿深度是否合适，以免开槽过深，影响后续的施工质量。

③16mm 穿线管墙面开槽深度不少于31mm；20mm 管深度不少于35mm；保证水泥砂浆厚度不低于15mm。

④穿线管开槽，单线管宽度不少于30mm；双线管宽不少于60mm。

图 1-32 电锤凿槽

4）清理槽内碎屑，清扫地面并装袋垃圾，如图 1-33 所示。

① 清理槽内碎屑，开凿的管线槽横平竖直、开关盒深度适中。

② 直弯处要斜角开槽，方便后续弯管施工。

③ 当天施工完后，都要清扫并装袋垃圾，堆放在指定位置，工具、用具堆放整齐。

图 1-33　清理并装袋垃圾

5）地面基层弹线，如图 1-34 所示。

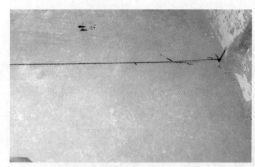

按设计要求，地面基层开槽线必须横平竖直，而且要确保能与已完成的墙基开槽贯通，用墨斗弹线，做到清晰、耐磨损，不能用彩色粉笔、铅笔，因为地面易积灰而且人多、走动频繁，容易被磨掉，影响施工。

图 1-34　地面基层墨斗弹线

开槽深度为粉刷层厚度，严禁切割到楼板基层，开凿的管线槽横平竖直。

图 1-35　地面开槽清理后

6）沿线开槽，方法同墙面开槽施工。清扫线槽、地面并装袋垃圾后，得到如图 1-35 所示的效果。

7）上述施工后，项目施工现场需要张贴施工进度表、警示牌等。找一面相对空旷、完整且无须施工的墙面张贴施工进度表等。另外，找一面显眼的墙面，张贴"禁止吸烟"警示牌。最后，装饰公司凭经验在施工现场规划出一些材料堆放区，并在就近的墙面标示出来，如图 1-36 所示。

二、布设管线

开槽施工的同时，水电工会根据现场工作量，预估水电管线施工所需材料并开具材料清单，由项目经理或装饰公司依据材料清单购置配货，或交给业主购置，搬运至施工现场安放好。

1. 材料准备

1）电用材料主要包括电线、网线、电视线、电话线、暗盒、PVC 线管及其连接配件（直接、90°弯头、三通、锁母、管扣）等，如图 1-37 ～图 1-41 所示。

图 1-36 张贴施工进度表、警示牌等

1）不同规格的电线。常用电线有三种不同的颜色，其中一种应为黄绿双色线。

2）网络线、有线电视线等。

图 1-37 电用线类材料

常用电线规格有 1.5、2.5、4BV（平方）线，有国标和非标之分，宜选用国标电线施工；外包装上都有标明合格的 1.5BV（平方）线，电线直径为 1.38mm；2.5BV（平方）线，电线直径为 1.78mm；4BV（平方）线电线直径为 2.25mm，可以用游标卡尺测量，误差在 0.05mm 之内都可以接受。

截取一段电线反复弯曲，观察绝缘表皮。如果断裂、起皱、发白，则说明质量不合格；用电线的铜芯在白纸上摩擦几下，如果白纸上留下明显的黑色印记，则说明铜的杂质含量高，质量不合格。

图 1-38 电线

多采用塑料制暗盒，分单盒、双盒、三盒和八角盒，根据设计需要选购不同的暗盒，暗盒的深度一般都在 50mm 以上。合格的暗盒都会印有产品品牌等相关信息，颜色均匀且强度足够，否则为不合格暗盒，不宜选择。

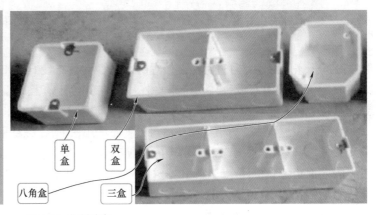

单盒　双盒

八角盒　三盒

图 1-39 塑料暗盒

常用 PVC 穿线管，又称 4 分管，其外直径尺寸为 16mm，每根长度有 4m、6m、8m 之分，也可定制长度，但家居装修施工常用 4m 长，方便运输、施工。

图 1-40　PVC 穿线管

① 管卡，用于固定线管至墙上或地上。
② 直接，用于不同长度线管之间的连接。
③ 锁母，用于线管与暗盒之间的连接。

图 1-41　PVC 穿线管连接配件

2）水用材料主要包括常选 6 分（DN25）PPR 热水管及其配件、保温管等，如图 1-42 所示。

2. 管线布设施工

（1）电管线布设施工

1）固定底盒前，先给开槽处浇水，如图 1-43 所示，但不宜浇水过多；然后，用尖头钢抹清理易掉物，如图 1-44 所示。

2）固定暗盒。常用水泥砂浆固定暗盒，如图 1-45a 所示。目前，有的工人会用石膏粉腻子固定暗盒，如图 1-45b 所示。用石膏粉腻子固定暗盒比水泥砂浆固定暗盒能节约不少时间，因为石膏粉腻子的干燥时间比水泥砂浆短很多。

3）布设 PVC 线管。

① 直线管布设。短距离直线管布设，当两个暗盒在同一条直线上，且直线距离较短时，PVC 线管布设方法如图 1-46 所示。

长距离直线管布设，当两个暗盒在同一条直线上，且暗盒间的距离超过一根 PVC 线管的长度时，要用直接连接件插接来延长管线的施工长度，如图 1-47 所示。

线管布设过程中，为节约材料，可以将不同小段 PVC 线管用直接连接件连接使用，如图 1-48 所示。

② 带直弯角的线管布设。由于施工规范要求 PVC 线管布设施工后要确保横平竖直，所以一面墙上或不同墙面上错位的两个暗盒间的开槽必然会出现直弯，但遇到这种情形时，常采用弯管弹簧弯曲 PVC 穿线管后再布设，如图 1-49 所示。带直弯角的线管布设在槽内后，应立即用线卡将其固定，如图 1-50 所示（图 1-50a 中，不同小段 PVC 线管用直接连接件连接使用）。否则，在重力作用下，PVC 弯角处会外离墙面进而影响其两端相连的暗盒，甚至会拉坏暗盒而影响施工。

阴螺纹接头		直通	
阴螺纹三通		90°弯头	
塑料小管卡		45°弯头	
截止阀	②	正三通	
	④ ⑤	弯管	
	⑥	闷头	
		阴螺纹弯头	②
			③

①　PPR 管材耐高温、高压，常用作家装水管；PPR 是丙烯和乙烯的无规共聚物，PPR 管材是由 PPR 树脂经挤出机挤出成型而成。与传统的铸铁管、镀锌钢管、水泥管等管道相比，具有节能、节材、环保、轻质高强、耐腐蚀、内壁光滑不结垢、施工和维修简便、使用寿命长等优点。正常每根 3m，一捆 20 根。

②　PPR 管常用连接配件。

③　生料带，用于 PPR 管与各种配件紧固防水。

④　聚氨酯发泡保温管，用于包裹热水管。

⑤　管卡，用于套固 PPR 管至墙、顶基层。

⑥　塑料膨胀管，用于管卡与墙、顶基层的紧固连接。

图 1-42　PPR 水管及其接配件

这样施工可以清除槽内灰尘、易掉物，增加水泥砂浆与原墙的黏结力，能有效固定暗盒，也可以防止后续修补在槽内的水泥砂浆脱落、开裂。

图 1-43　浇水至预布设施工处

图 1-44　剔除易掉物

① 这样施工，可以确保后续布设 PVC 线管时，暗盒间的 PVC 线管长度准确。如果暗盒不固定，2 个暗盒间的 PVC 线管长度就很难丈量准确，进而会影响线管的裁割和施工进度、质量。

② 石膏腻子固定线管和暗盒。

a)   b)

图 1-45 固定暗盒

a）水泥砂浆固定暗盒 b）石膏粉腻子固定暗盒

锁母

沿槽丈量暗盒间距离；接着用小钢锯锯下 PVC 穿线管，要求锯下的 PVC 线管稍短于暗盒间的距离；之后将一个锁母插入一端的暗盒，线管插入该锁母；最后将另一个锁母插入另一端暗盒并与 PVC 线管相插连接，完成直线距离的线管布设。

图 1-46 短距离直线布管

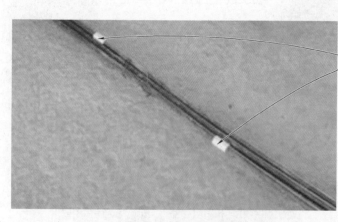
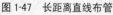
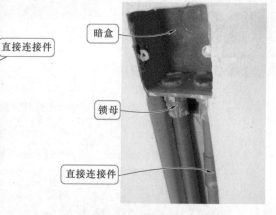

直接连接件

暗盒

锁母

直接连接件

图 1-47 长距离直线布管   图 1-48 直接连接件的使用

4）PVC 线管中穿入电线。该施工过程应按施工规范和验收标准要求进行施工，详细内容见本项目工作过程四。

按规范使用颜色：地线用黄绿双色线，零线用蓝色线，火线用红色线，照明开关的控制线用白色线；照明用电线为 1.5BV，插座用线为 2.5BV，接地用线为 2.5BVR，空调及特大功率用线为 4BV。空调及大功率电器应单独走线；电线管内不得有接头。

按照上述规范，根据设计要求，选定照明、插座等位置所用电线，任选墙面一处开始穿线施工，如图 1-51 所示。

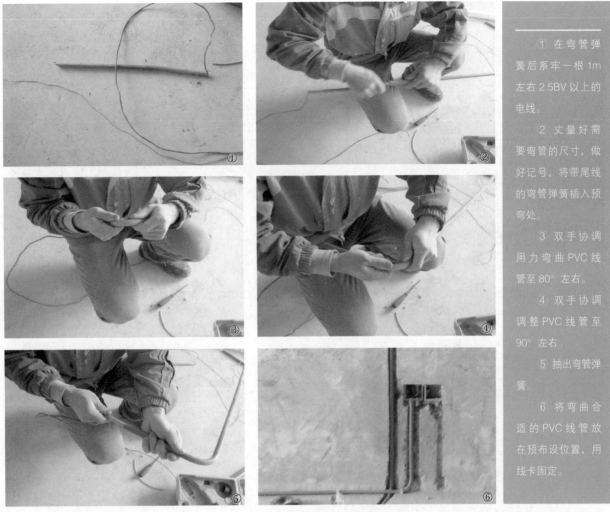

① 在弯管弹簧后系牢一根 1m 左右 2.5BV 以上的电线。

② 丈量好需要弯管的尺寸，做好记号，将带尾线的弯管弹簧插入预弯处。

③ 双手协调用力弯曲 PVC 线管至 80° 左右。

④ 双手协调调整 PVC 线管至 90° 左右。

⑤ 抽出弯管弹簧。

⑥ 将弯曲合适的 PVC 线管放在预布设位置，用线卡固定。

图 1-49　带直弯角线管的布设施工

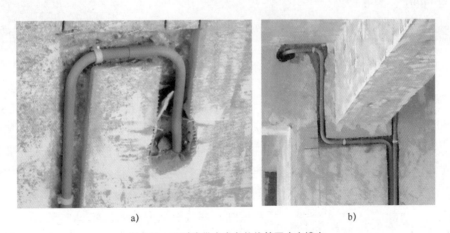

a)　　　　　　　　　　　　b)

图 1-50　及时将带直弯角的线管固定在槽内

　　重复上述穿线施工方法，直至完成所有墙面、地面、顶面上电线的穿管。期间，强弱电交汇的地方要包裹锡箔纸，如图 1-52 所示。顶棚的线路施工时，首先按设计要求定位灯具位置，然后进行布管、穿线等一系列施工，要求灯位盒必须使用塑料八角接线盒，并预留足够长的电线，如图 1-53 所示。

细钢丝

首先，将电线从一端暗盒中的锁母穿入 PVC 线管中，同时不断向前推送电线，新电线很直顺，在 PVC 线管中不会有明显阻碍并能很快穿出 PVC 线管至另一端暗盒中。接着，目测出管电线至长度适中后剪断穿线，宜长于 150mm，这样就完成了一段电线的穿管。过长线管穿线，可用图中所示细钢丝作牵引穿线。

图 1-51　PVC 线管中穿入电线

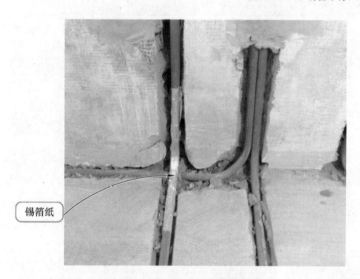

锡箔纸

图 1-52　强弱电线管交叉处裹锡箔纸

塑料八角接线盒

图 1-53　顶棚电线穿管布设施工

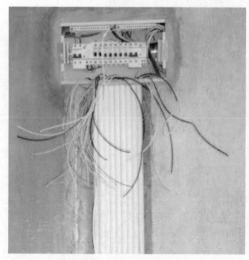

图 1-54　强电箱处的穿线处理

　　所有电线穿管后，最终要归并至强电箱处，如图 1-54 所示。因为进户线都排在强电箱内，室内所有线路都在强电箱内完成接通，为满足后续施工要求，首先要在强电箱内接通照明线路、开关线路、插座线路等，由于空调线路暂时用不到，可等到最后施工阶段连通，但必须将空调用外露电线弯卷成圈，塞放在强电箱内，如图 1-55 所示。

　　后续施工必须使用的几路电线接通后，用电笔检测已接通线路所有开关、插座是否通电，并将带电的外露线头用绝缘胶布包好，以免发生触电危险，如图 1-56 所示。更加规范的工地上，有的将明露电线头包裹绝缘胶布后再用螺丝刀柄卷成弹簧圈，如图 1-57 所示；有的将明露电线头包裹绝缘胶布后再套上塑料压线帽，如图 1-58 所示。

图 1-55　接通后续施工必需的路线，处理暂时不需接通的线路

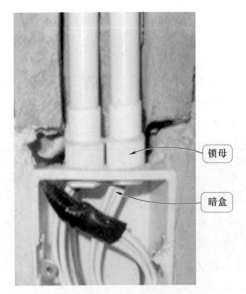

锁母

暗盒

图 1-56　外露线头的绝缘处理

图 1-57　外露线头绝缘处理后的卷线

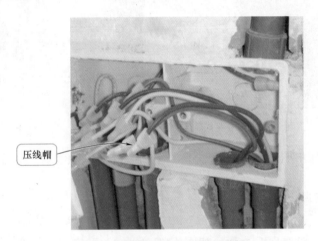

压线帽

图 1-58　外露线头绝缘处理后的压线帽

　　正常情况下，上述施工完成后，就可以进行水管布设施工，但随着装饰市场竞争的日益加剧，不少上规模的装饰公司力求通过更加规范的施工和现场管理来赢取客户，所以他们会更注意现场施工的细节，比如，将绝缘后的线头埋入暗盒中，外面盖贴装饰公司特制的即时贴，即时贴的大小正好盖贴住暗盒，如图 1-59 所示。

　　即时贴上面常印有"有电"或"注意安全"等警示语及装饰公司名称、标志等。这样做，既可以确保后续施工暗盒内不会积灰，又可以为企业塑造良好的社会形象，有助于企业发展。

图 1-59　暗盒的保护处理

（2）水管布设施工　水管布设是隐蔽工程的重要部分。一般情况下，厨房、客厅等空间的水管布设最好走顶、走墙，不走地，在已开槽内按《住宅装饰装修工程施工规范》（GB 50327—2001）布设施工，具体施工过程如下。

1）施工前的准备。检查所使用的手持式热熔机及加热头是否能正常使用，如图1-60所示。另外，还需检查剪刀或割刀及使用的电源、电线是否正常和安全；如果是新购热熔机，使用前要先正确安装，如图1-61所示。

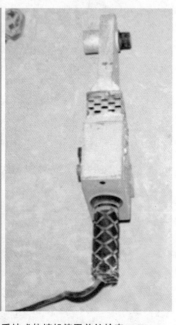

热熔机由发热板（带温控装置）及加热头组成，热熔机的加热温度均为自动控制，一般在260℃左右。手持式热熔机较小巧、灵活，适用于DN63及以下规格管道的热熔连接。厂家提供的热熔机的电源为220V，功率有750W和1500W两种，其中750W热熔机适用于DN63及以下规格。

① 查看模头是否完整。
② 用螺丝将模头固定在加热板上。
③ 用六角扳手加固模头。

图1-60　手持式热熔机使用前的检查　　　　图1-61　新购手持式热熔机使用前的安装

2）PPR水管的连接施工。对照施工图（图1-23），按照交底时确认的水龙头位置、水管走向等，进行施工。

① 正常情况下，施工方法如下：

a. 热熔工具接通220V的电源，绿灯指示灯亮，表明工作温度达到施工要求。

b. 切割PPR水管，如图1-62所示。

c. 量画熔接深度，如图1-63所示。

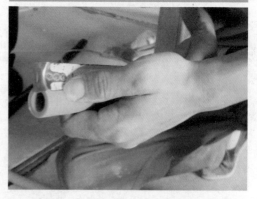

切割前，必须正确丈量和计算好所需长度并在水管上画出切割线。切割时，应使用管子剪或管道切割机，必须使断面垂直于管轴线，保持断切口平整、不倾斜，不能用钢锯锯断PPR水管。

用记号笔在已切割的PPR水管表面画出热熔连接深度线。

图1-62　量好尺寸后切割PPR水管　　　　图1-63　在切割后的PPR水管上量画热熔线

d. 热熔 PPR 水管与水管配件，如图 1-64 所示。

e. 熔接 PPR 水管与水管配件，如图 1-65 所示。

正常情况下，PPR 水管与水管配件熔接后，应在其结合面的周围形成均匀的凸缘熔接圈，如图 1-66 所示。

按图样设计要求，用上述施工方法熔接出不同长度的熔接件，如图 1-67 所示。

PPR 水管与水管配件的连接断面和熔接面必须清洁、干燥、无油污；然后，将水管与水管配件分别从热熔机的两端同时垂直插入热熔焊头，插入到所标记的连接深度；水管与水管配件同时加热，加热温度控制在 260℃，温度太高易将管壁烫变形；加热时间参照热熔机技术参数。

图 1-64 PPR 水管与配件同时热熔

达到规定的加热时间 (一般情况下为热熔 5～7s) 后迅速将水管与水管配件从热熔机上同时取下，无旋转且笔直均匀地插入到所标深度，并维持一段时间。在规定的加工时间内，刚熔接好的接头允许立即校正，但不得旋转。在规定的冷却时间内，应扶好水管与水管配件，使其不受扭、受弯和受拉，应符合相关热熔机的技术要求。

图 1-65 PPR 水管与配件热熔后连接

② 当熔接件满足一定施工量的要求后，就可以将不同长度的熔接件一件连着一件进行熔接布设；需要熔接布设的水管位于不同施工基层、部位时，有着不同的施工方法：

a. 在地面或顶棚的平整面上施工时，可采用如图 1-68 所示的施工方法施工。

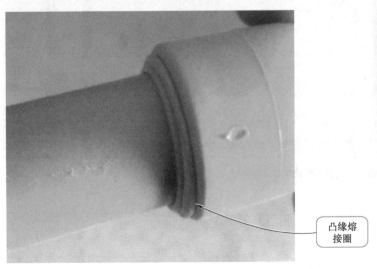

凸缘熔接圈

图 1-66 PPR 水管与配件合格热熔的凸缘圈

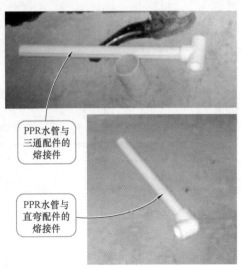

PPR水管与三通配件的熔接件

PPR水管与直弯配件的熔接件

图 1-67 PPR 水管与配件熔接出不同长度的熔接件

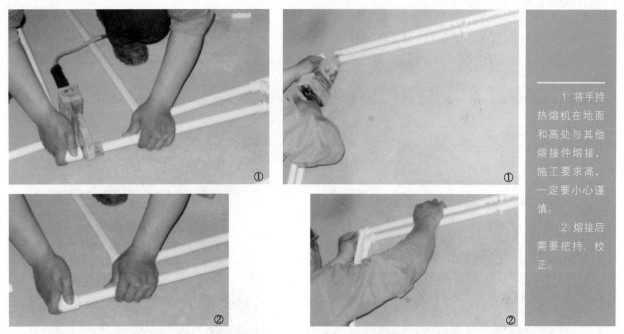

① 将手持热熔机在地面和高处与其他熔接件熔接，施工要求高，一定要小心谨慎。

② 熔接后需要把持、校正。

图 1-68 平整地面、墙面上 PPR 的熔接施工

b. 在墙面开槽处施工时，由于所开管槽窄且深的原因，热熔机无法在窄缝中完成不同熔接件的熔接，所以必须先将管卡钉入线槽，管卡间的间距要符合施工规范，如图 1-69 所示；接着，按如图 1-70 所示的熔接方法将小段熔接件整体熔接；待全部熔接完成后，再将其套放在管槽中并卡在管卡上，直至完成任务。此施工过程要求每段尺寸必须准确，最好两个工人协调操作。

图 1-69 开管槽处内钉牢管卡

在后续的熔接布设过程中，当遇到熔接过桥、三通时，要注意管线的走向，如图 1-71 和图 1-72 所示。

在地面铺设水管时，当遇到两根水管垂直布置时，需要使用过桥配件。丈量准确尺寸后，用电锤凿掉地面粉刷层至满足施工要求，如图 1-73 所示；然后，用如图 1-68 所示的施工方法完成该处的熔接施工，并确保两根水管垂直布设满足施工要求，如图 1-74 所示。

图 1-70　整体熔接小段熔接件

图 1-71　PPR 水管与三通配件热熔连接

图 1-72　PPR 水管与过桥配件热熔连接

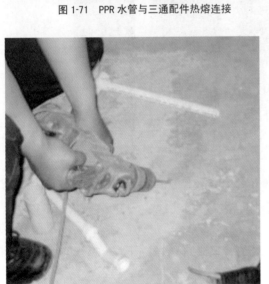

图 1-73　开凿过桥所需地面

图 1-74　熔接过桥后的水管搭接

　　按照上述施工方法反复操作，直至剩下最后一段（即需要与进户 PPR 水管熔接的一段）。期间，将走顶布设的水管包裹保温套管，然后用管卡钉接牢固在顶面或墙面上，如图 1-75 和图 1-76 所示；还要随时用闷头将外丝弯头堵紧，既防止漏水，又防止施工过程中有较大颗粒污物掉入 PPR 水管内而影响施工质量。闷头丝口缠上生料带，再把闷头拧紧，如图 1-77 所示。煤气管道单独布设，如图 1-78 所示。

图 1-75　保温套装 PPR 水管和钉接在顶面上

图 1-76　保温套装 PPR 水管和钉接在侧墙面上

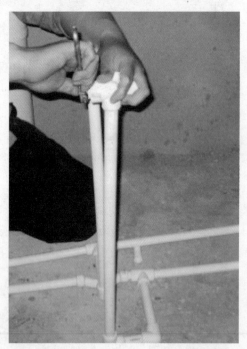
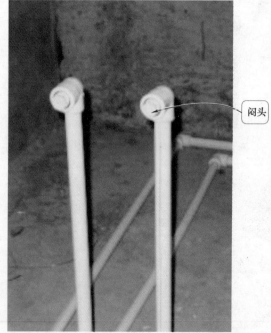

图 1-77　用闷头封堵外丝弯头

　　上述施工完成后，关掉进户总水阀，将进户 PPR 水管的管口处理干净并干燥；接着，用上述 PPR 水管的熔接方法完成该项目所有水管的熔接布设施工。

　　接下来，按如图 1-79 所示方法，用软管连接贯通室内所有水管，并将其他水管所有闷头封好。开始对水管试压验收，如图 1-80 所示，用试压泵测水压 8 ~ 10MPa，30min 后看压力表，正常的情况是水压回落 0.05MPa，所有管道、阀门、接头无渗水、漏水现象，表示验收为合格；否则视为不合格，则需查找原因处理至符合施工要求。

暗盒上盖
贴的即时贴

闷头

专用煤气管

图 1-78　单独排放的煤气管

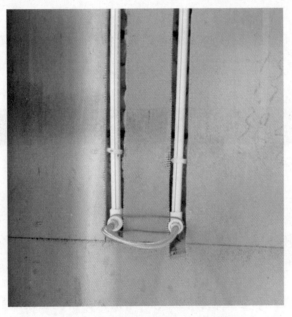

图 1-79　用软管连接贯通室内所有管道

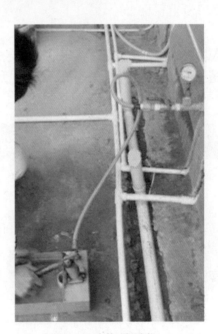

图 1-80　水管试压验收

　　另外，如果有业主需要铺设地暖（地暖安装由专业公司进行施工），在施工界面允许的情况下，地暖铺设可以与装饰公司的水电管线施工同时进行。由于铺设地暖不是装饰公司施工的项目，在此不作介绍。

02／项目二
零星砌筑与墙、地砖镶贴施工

按装饰施工工艺逻辑，水电施工完成后，瓦工可以进场进行包括零星砌筑、粉刷和墙、地砖镶贴等的施工。正常情况下，先砌筑、粉刷，后镶贴施工。

工作过程一　零星砌筑与墙、地砖镶贴前的准备工作

一、装饰公司的准备

1. 识读施工图

施工前，装饰公司项目经理需要了解施工的具体内容，以便日后给瓦工进行施工技术交底。规范的整套施工图样中应包括墙体、包柱等零星砌筑图，如图2-1所示。

2. 辅料准备

项目经理根据读图后了解的施工内容、工程量，在瓦工进场施工前，一定要结合施工现场的面积大小、零星砌筑与镶贴的工程量、房屋安全等因素，将适量的32.5级普通硅酸盐水泥、中粗砂（选江砂而不能使用河砂）、普通黏土砖等搬进施工现场，堆放在提前安排好的位置上，如图2-2所示。砌筑大面墙体时，也可以选用空心砖（图2-3）或加气混凝土砌块（图2-4），它们的规格尺寸比普通黏土砖大，应根据施工现场的需要有针对性地选购，考虑一次购进水泥、黄砂的数量和普通黏土砖的块数。

3. 现场准备

上述准备完成后，项目经理再次检查工地现场是否符合零星砌筑、粉刷和墙地砖镶贴施工的要求，水、电等是否接通，是否有必备的工作插座；若不符合上述条件，则按施工要求进行准备，直至适合施工。

二、业主准备

业主的准备就是配合装饰公司准备装修每个阶段所需的物品，确保顺利施工。装修分全包装修和基础半包装修。全包装修就是所有装饰材料都由装饰公司购置，业主只需购买家具、家电等的一种施工方式；基础半包装修就是业主购置墙地砖、地板等主材，装饰公司购置辅料完成装修施工的一种形式。不

同承包施工形式，业主的准备工作有所不同：若是基础半包装修，项目经理在识读施工图了解施工内容
和工程量后，会及时告知业主在此阶段要尽快购置墙、地砖等并附给业主主材购置的数量清单，提醒业
主墙、地砖的选购量要多于实际施工面积，并于镶贴施工前购置好堆放在施工现场；若是全包装修，则
业主只需提供墙地砖的花色即可。为确保获得最好的装饰效果，正常情况下，无论哪种装修方式，设计
人员都应陪同业主去专业市场选购符合设计要求、质优的墙地砖等。业主在选用墙地砖时可采用"看、
擦、掂、听、试"方法。

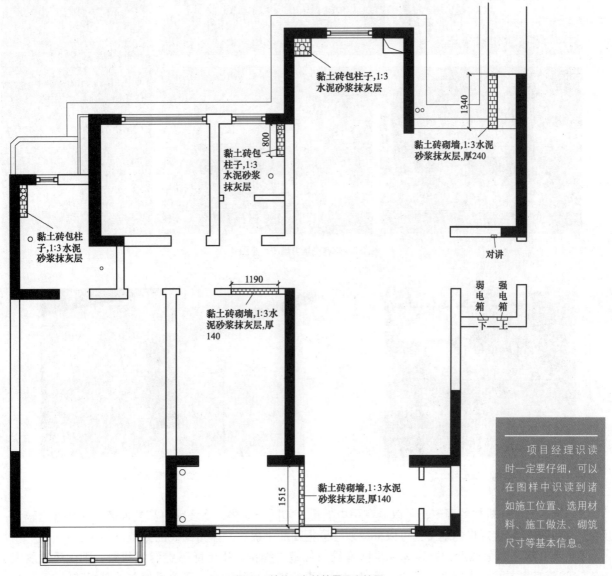

图 2-1　墙体、包柱等零星砌筑图

项目经理识读
时一定要仔细，可以
在图样中识读到诸
如施工位置、选用材
料、施工做法、砌筑
尺寸等基本信息。

　　1）看。看墙地砖的花色，一般来说，好的产品花色图案细腻、逼真，而质量差的瓷砖花色图案
会有缺色、断线、错位等；看瓷砖表面是否有斑点、裂纹、转碰、波纹、剥皮、缺釉等问题，尺寸是否
一致；看瓷砖背面的颜色，釉面砖的背面颜色是红色的（陶质），而玻化砖背面是乳白色的；看底坯是
否密实无小孔，底坯越密实则表明质量越好；看釉面砖是否为正规厂家生产。
　　2）擦。手指用力擦底坯上没有滑石粉的部位，擦后看手指上是否有底坯色粉，密实、硬度大的底
坯不会掉粉，反之，容易擦掉的，则表明底坯质量较差。

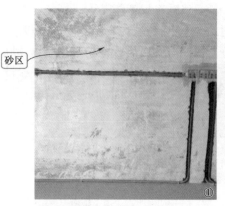

① 辅料搬进施工现场后,宜堆放在装饰公司提前安排好的堆放点(墙上有标志注明),这些堆放点选择时以确保不妨碍现场施工和房屋质量安全、尽可能接近施工点的位置为准则,要求黄砂装袋,沿墙分散堆放,进场的水泥放在干燥位置。

② 普通黏土砖标准规格为长 240mm、宽 115mm、厚 53mm。经验得知,1m³ 体量砖砌墙体的标准砖用量为 512 块(含 10mm 的灰缝)。

③ 墙地砖铺贴专用黏结剂,分通用型、强力型和超强力型,根据饰面砖的规格、自重选用。常选通用型;质量要求高者,应选择强力型。

经验表明,在 100m² 左右 2 室 2 厅 1 厨 1 卫的房子中,客厅、餐厅地面需要铺设地砖,厨卫、阳台等需要铺贴墙、地砖。这种情况下,到施工结束时,需要购置 3 ~ 5 次水泥和黄砂。

图 2-2　辅料进场与堆放示意图

图 2-3　空心砖

图 2-4　加气混凝土砌块

3)掂。对于小规格的面砖,可以放在手中掂量,如同一规格、底坯密度高的面砖,手感都比较沉,反之,手感较轻。大规格的地砖则可以采取双手紧握面砖上提,来掂量面砖的分量。

4)听。敲击釉面砖后,声音浑厚且回音绵长如敲击铜钟,手上能感觉到强共振,则底坯硬度大、密实、强度高,其抗拉力就强;反之,声音沉闷甚至能敲掉小块陶土,则为质量差的釉面砖。

5)试。测试平直度。单片砖用直尺测量四角是否垂直。任选相同规格、型号的 4 块面砖,在购物现场进行"十"字对缝摆放在平整的地面,能较为精确地检查出每块面砖尺寸规格误差的大小、面砖的平整度和面砖四边的顺滑度等。应选择尺寸规格误差小、平整度好、四边顺滑无破损的面砖;测试釉面砖底坯的强度,底坯强度很高的釉面墙砖,可以将其一头架空放置,成年男人单脚踩而不断裂。

一般情况下,选购量要多于实际计算量的 10% 左右。因为从选购墙地砖到施工完毕需要一段时间,如果不购置足量,当数量不够需要再添置面砖时,就可能出现缺货现象,从而造成色差等问题。多购置的面砖,不能浸水或污损,以免不能退换给经销商。

有经验的设计师或工人能准确计算出所需墙地砖的片数。如选购 200mm×300mm 的墙砖，每平方米所需墙砖为 17 片，选购 300mm×300mm 的地砖，每平方米所需墙砖为 11 片，选购 600mm×600mm 的地砖，每平方米所需墙砖为 2.8 片。

工作过程二 墙体等零星砌筑、粉刷施工

正常情况下，先包管砌筑、后墙体砌筑，先砌筑后粉刷。

一、工具、用具的准备

施工前各项准备完成后，装饰公司安排的瓦工会带上主要工具、用具来到施工现场，如图 2-5 所示。

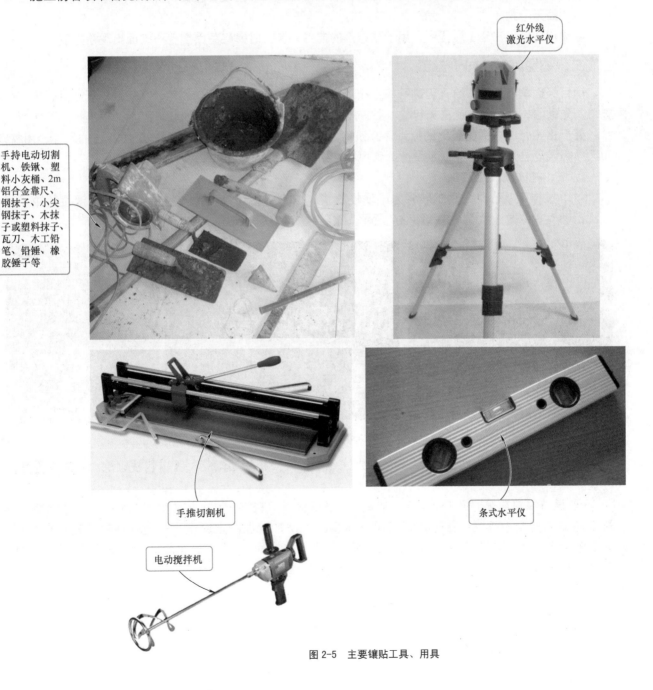

手持电动切割机、铁锹、塑料小灰桶、2m 铝合金靠尺、钢抹子、小尖钢抹子、木抹子或塑料抹子、瓦刀、木工铅笔、铅锤、橡胶锤子等

红外线激光水平仪

手推切割机

条式水平仪

电动搅拌机

图 2-5 主要镶贴工具、用具

手持电动切割机，用于釉面砖上的 45°倒角切割、开关插座孔洞切割等；铁锹和塑料小灰桶用于搅拌和搬运水泥砂浆；小尖钢抹子、瓦刀用于墙体砌筑；钢抹子用于砖墙砌筑后水泥砂浆抹灰；木抹子或塑料抹子用于水泥砂浆抹灰后的面层刮糙；铝合金靠尺用于抹灰时阳角顺直和面层平整，也用于釉面墙砖镶贴的支托，还用于面砖镶贴时的平整度靠检；木工铅笔用于找画施工水平基准线、标注切割符号等；铅锤用于确保砖砌墙体的垂直度；塑料大水盆用于浸泡釉面砖等。

红外线激光水平仪，目前，施工现场的施工找平多采用红外线激光水平仪找平、定位、弹线，操作方便快捷，改变了传统 U 形橡胶水管现场找平的做法，提高了工作效率。

手推切割机，用于电动切割机不能很好完成切割的各类墙地砖，尤其适用大片玻化砖、超厚瓷砖等的切割，无需电源，无粉尘，无噪声，环保；最大切割长度 800mm，最大切割厚度 15mm；一划一按，2s 完成切割，工效比电动切割机高 5 ~ 10 倍；切割质量好，精度高，无切割损耗，降低装修成本，提高敷设瓷砖接缝的美观度。

条式水平仪，在施工过程中，用于检测面层的平整度和垂直度，使用时应轻放在被检测面上，要确保被检测面无污物。

电动搅拌机，在施工过程中，用于黏结剂的搅拌，搅拌时要避免因搅拌不匀而出现粉疙瘩。

二、零星砌筑、粉刷施工

项目经理拿着施工图给瓦工进行施工技术交底，告知施工内容、地点等，瓦工确认无误后，便着手施工。先砌墙、后包柱，还是先包柱、后砌墙，可按工人的施工习惯和现场来定。

要严格执行"按图施工"的原则，砌筑前，要复核现场尺寸，仔细核对施工图标注的尺寸、用材，如尺寸等误差过大，一定要联系设计师到现场，根据现场情况进行变更设计。

1. 墙、柱体砌筑施工

（1）搅拌砌筑砂浆　砌筑砂浆为干硬性砂浆，按 1:3 ~ 1:5 的比例配制，要求干湿度适中、配合比正确，具体方法如图 2-6 和图 2-7 所示。

① 参照施工的工程量，凭经验将袋装黄砂开袋倒置在距离砌筑点不远的空地上。

② 参照施工的工程量，凭经验将袋装水泥开袋倒置在黄砂堆放处的旁边。

图 2-6　开袋备置水泥、黄砂

（2）砌筑施工　砌筑施工有原墙局部加宽砌筑、大面积隔墙砌筑、管道包柱砌筑、淋浴房等其他砌筑。

1）原墙局部加宽砌筑。原墙局部加宽砌筑的墙体普遍较窄，必须与原墙体充分咬接，才能确保砌筑后墙体的安全，所以，首先要开凿原墙体侧面，使其出现一定深度、一定数量的"咬接口"，如图 2-8a 所示；"咬接口"过浅、数量过少，都不能保证施工质量。然后，从地面开始自下而上砖砌墙体，砖间砂浆灰缝 10mm 左右，如图 2-8b 所示；砌筑墙体时，一定要时刻检测墙体的垂直度、平整度，一旦出现问题及时修整。也可以先在原墙体侧面电锤钻孔，孔深 100mm 左右，孔距间隔上下 600mm 左右并左右错位，后将 ϕ12mm 以上、长 200 ~ 300mm 的钢筋一端植入墙体钻孔中并咬紧，剩余在墙体外的钢筋将被砌筑在墙体中，以确保新旧墙体之间的充分咬接；砌墙到门窗洞位置时，为确保安全，必须使用预制钢筋混凝土过梁，如图 2-8c 所示。登高砌筑时要注意安全。

图 2-7 配制并检验水泥干硬性砂浆的干湿度、配合比

① 边洒水、边按 1:3 ~ 1:5 的比例配备水泥黄砂。

② 用铁锹充分搅拌水泥、黄砂、水，并混合均匀。

③ 随手抓一把搅拌好的水泥干硬性砂浆，并用力手握砂浆成团。紧接着，轻搓砂浆团，若较为容易松散开来，则表明干湿度适宜；同时，检验水泥与黄砂的配合比，若发现配合比有问题，及时加料、水搅拌配制至合适。

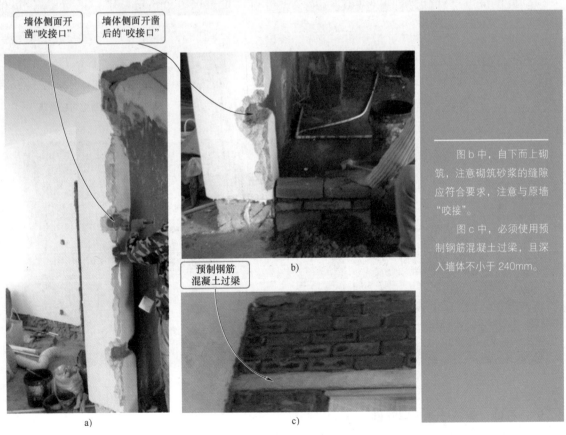

墙体侧面开凿"咬接口"

墙体侧面开凿后的"咬接口"

预制钢筋混凝土过梁

b)

图 b 中，自下而上砌筑，注意砌筑砂浆的缝隙应符合要求，注意与原墙"咬接"。

图 c 中，必须使用预制钢筋混凝土过梁，且深入墙体不小于 240mm。

a)

c)

图 2-8 原墙局部加宽砌筑

a）开凿 b）砌筑 c）过梁

若墙厚为 240mm，则可以一次砌筑到顶，如图 2-9 所示；若墙厚 120mm 或 53mm，则不能一次砌筑完成，如图 2-10 和图 2-11 所示，否则会因为墙体过薄和一次性砌筑过高，而出现砌筑的墙体倾斜甚至倒塌的质量问题。

2）大面积隔墙砌筑。方法参照原墙局部加宽砌筑的方法，完工图如图 2-9 所示。

3）管道包柱砌筑。方法参照原墙局部加宽砌筑的方法，完工图如图 2-10 所示。

4）淋浴房等其他砌筑。方法参照原墙局部加宽砌筑的方法，施工图如图 2-11 所示。

自下而上逐层砌筑，边砌筑边与原墙"咬接"，同时必须确保砌筑墙体的平整度、垂直度。

图 2-9　大面积隔墙砌筑

砖砌包柱应 53mm 厚立砌，既节约空间又美观，砌筑时必须确保平整度、垂直度、阴阳角方正度，留有检修口。

图 2-10　下水管道包柱砌筑

由于墙薄，因此不宜一次砌筑过高，否则会出现倾斜、倒塌等现象。

图 2-11　淋浴房等其他砌筑

2. 墙、柱体、管线槽等基层粉刷

（1）墙、柱体基层粉刷　墙、柱体砌筑完工后，即可进行墙、柱体的粉刷、刮糙，具体施工如下：

1）基层处理。将墙、柱面上残存的砂浆、污垢等清理干净，洒水湿润。

2）吊垂直线。用线坠、方尺拉通线等方法贴灰饼，用铝合金靠尺找好垂直。

3）抹灰。由于零星砌筑的墙体需要后序的外部装饰，因此一底一面的两遍抹灰即可满足施工质量要求，每遍抹灰厚度5～7mm，一定要确保水泥砂浆配合比为1∶3，干湿程度适中，如图2-12所示。底层抹灰如图2-13a所示，底层抹灰后并用刮尺刮平找直，木抹子搓毛，以增加黏结力，利于中层抹灰；当底层抹灰五六成干时，即可抹中层砂浆，中层砂浆的配合比与底层砂浆基本相同，大面抹灰方法与底层抹灰相同，墙厚所在墙面及其阳角的刮抹必须借助工具来完成，如图2-13b所示。刮抹后也要用刮尺刮平找直，木抹子搓毛，如图2-13c所示。对于厨、卫等处零星砌筑的墙体，由于需要在它们的基层上镶贴墙砖，因此搓毛可相对大些；对于客厅、书房等处砌筑的墙体，由于需要在它们的基层上做乳胶漆、贴壁纸等，所以，搓毛可相对小些；柱体抹灰如图2-14所示。

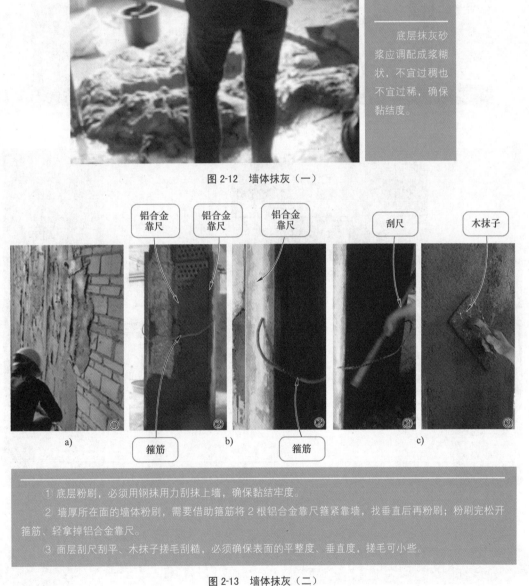

图2-12 墙体抹灰（一）

铝合金靠尺　铝合金靠尺　铝合金靠尺　刮尺　木抹子

箍筋　箍筋

a)　b)　c)

① 底层粉刷，必须用钢抹用力刮抹上墙，确保黏结牢度。
② 墙厚所在面的墙体粉刷，需要借助箍筋将2根铝合金靠尺箍紧靠墙，找垂直后再粉刷；粉刷完松开箍筋、轻拿掉铝合金靠尺。
③ 面层刮尺刮平、木抹子搓毛刮糙，必须确保表面的平整度、垂直度，搓毛可小些。

图2-13 墙体抹灰（二）
a）大面底层抹灰　b）借助工具局部中层抹灰　c）大面墙体刮糙后效果

4）全面检查。用铝合金靠尺等全面检查抹灰墙面是否垂直和平整，阴阳角是否方正，管道处是否抹齐，墙与顶交接是否光滑、平整等。否则，需要整修至符合施工质量要求。

（2）管线槽粉刷　粉刷管线槽时，一定要用力将水泥砂浆充分嵌入槽内，确保水泥砂浆挤过管件缝隙与槽壁四周连接密实；遇到外丝弯头处水管槽粉刷，一定要确保相邻水管外丝弯头水平，如图 2-15 所示；否则，管线槽内会出现空鼓，相邻外丝弯头不水平，这将给后续施工带来严重的质量问题。

严格控制砂浆配合比，阴阳角方正、垂直是粉刷的重点，阳角粉刷要借助靠尺，包管上口与顶面留有一段距离、搓毛可大些。

图 2-14 柱体抹灰

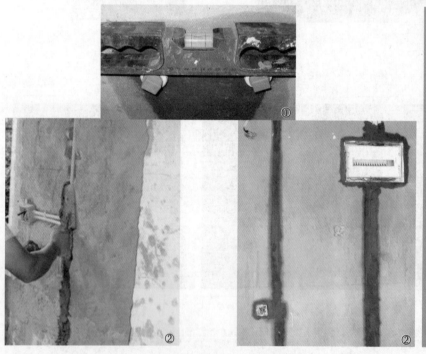

① 检查外丝弯头是否水平。

② 线管粉刷表面平整，要与原基层面持平，否则会影响后续施工的质量。

图 2-15 粉刷管线槽

工作过程三 釉面墙砖镶贴施工

正常情况下，先镶贴卫生间、厨房、阳台等空间墙面墙砖；接下来，对卫生间、厨房等地面进行防水处理和试水；试水的同时，进行客厅、餐厅大面积地砖或玻化砖等的地面镶贴；完工后，再进行卫生间、厨房、阳台等空间的地砖镶贴和墙地砖收口镶贴。

一、施工前的准备

1. 主材进场堆放

镶贴所需主材指不同种类、规格的墙地砖，主材购置、搬运至施工现场后，堆放在装饰公司安排的堆放位置，如图 2-16 所示。墙地砖沿墙堆放示意图如图 2-17 所示。

图 2-16　明示的堆放区

① 为不影响现场施工操作，需堆放在不妨碍施工的卧室或书房等地，不宜放置在需要施工的厨房、卫生间、客厅、餐厅等地。

② 由于墙地砖重，需沿墙分散堆放，严禁将其堆放在室内地面的中间部位，否则会集中增加楼板荷载，影响房屋的质量和安全。

图 2-17　墙地砖沿墙堆放示意图

2. 墙地砖镶贴施工构造做法

砖墙基层釉面砖镶贴构造图如图 2-18 所示；地砖、花岗岩、玻化砖等楼面镶贴构造图如图 2-19 所示。

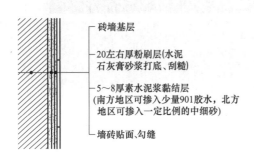

注：文字自上向下读表示构造图的自左向右。

图 2-18　砖墙基层釉面砖镶贴构造图

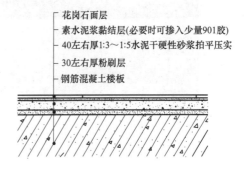

注：文字自上向下读表示构造图的自上向下。

图 2-19　楼面镶贴构造图

二、釉面墙砖镶贴施工

通常，釉面墙砖镶贴施工是按"验砖→浸砖与沥砖→浸水泥→找弹施工水平基准线→沿已弹水平线架设镶贴支托→搅拌浸透黏结剂或素水泥→镶贴→清理面层与嵌缝→清理工具"这九道工序进行施工的。

1. 验砖

质量合格的面砖是优质施工的前提保障，所以，浸砖前，需要打开包装检验面砖，将质量差甚至不合格的面砖与合格面砖分开放置，质量差的面砖将用于柜后、拐角等隐蔽处的镶贴，如图 2-20 所示。

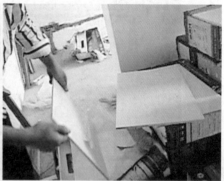

开箱后拿出每一块釉面砖，对墙砖正面、侧边和砖角进行质量检验，检查出面层有颗粒、气泡、裂纹等及边角有爆瓷等质量缺陷的不合格的面砖，放在一边，合格的放在另一边。

图 2-20　浸砖前验砖

2. 浸砖

将质量合格的面砖一片一片放入预先准备好的水盆中，要确保放入的每片釉面砖都浸泡在水中，如图 2-21 所示。瓷质底坯釉面砖则无须浸泡。

釉面砖底坯多为陶质，吸水率高，不能直接背抹黏结剂上墙铺贴，否则底坯会迅速吸干黏结剂中的水分，影响与基层间的黏结度，给施工带来很大麻烦；浸透后的面砖不再吸太多的水，满足施工要求。

图 2-21　浸砖

3. 沥砖

釉面砖浸泡至无小气泡冒出时，表示已浸透，之后即可沥砖，如图 2-22 所示。

① 用手拂去面砖上的污泥并拿出。

② 将釉面砖正反面交替立靠进行沥水，要求放置在预先准备好的某一拐角处的垫置物上，两块砖交叠处不超过釉面砖的 1/2；沥至釉面砖表面无明水，即表明可以铺贴上墙。

图 2-22　浸透后的釉面砖沥水

4. 浸泡专用黏结剂或素水泥

目前市场上，越来越多的用户选择专用黏结剂来铺贴釉面砖，但也有不少地区仍然沿用素水泥来铺贴。

1）浸泡专用黏结剂　拿出一个预先准备好的干净的专用搅拌桶，按黏结剂粉包上的说明先倒入一定比例的自来水入桶，然后按比例倒入黏结剂粉，静置浸泡几分钟后，桶内若无气泡冒出，即可电动搅拌，这样搅拌出来的黏结剂可最大限度地减少粉疙瘩的出现，确保施工质量。

2）浸泡素水泥　由于南北方地域、气候、釉面砖规格大小等存在显著差异，因此，釉面砖镶贴选用的黏结剂就有很大的不同。经验表明，少雨干燥地区，宜选用水泥：中砂 =1:1 ～ 1:3（质量比）的水泥砂浆镶贴；多雨潮湿气温不太高的季节、地区，宜选用素水泥浆镶贴；多雨潮湿且气温高的季节、地区，宜选用掺入 901 建筑胶水的素水泥浆镶贴；若选用 300mm×450mm 以上规格的釉面砖、仿古砖等上墙镶贴，宜选用专用黏结剂，并参照外包装上的施工说明施工。

江南地区，素水泥浆是镶贴釉面墙砖的常用黏结剂，这是因为专用黏结剂价格高出素水泥浆许多。选用专用黏结剂铺贴，就无须浸泡瓷砖，只要擦拭干净就可以铺贴。为了确保能得到黏稠度一致、没有水泥粉疙瘩的质量合格的素水泥浆，应在施工现场采用先浸泡透干水泥后再充分搅拌的方法，而不要直接向水泥干粉中边加水边搅拌。工程量的大小决定了浸泡水泥的量，要求现浸、现拌、现用，不能多浸、多拌，以免完工后材料有所剩余而造成浪费。一般情况下，一个家居项目施工的开始，总是将整包水泥进行浸泡，随着时间的推移，工程量逐渐减少，浸泡水泥的量也随之减少，直至完工。浸泡水泥的方法与步骤如图 2-23 所示。

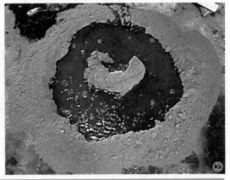

① 割开水泥包，将水泥倒在施工现场干净的地面上，用铁锹将水泥摊开成环岛窝状。

② 向摊开的水泥窝内倒适量清水；不要冲垮水泥窝，一旦冲垮，应立即用干水泥填堵；等窝中无明水时，表明已浸透，可搅拌。

图 2-23　浸泡水泥

5. 找弹施工水平基准线

瓦工在家居工地施工过程中，常为两人配合，一个是"大工"，负责找水平、镶贴等工作；另一个是"小工"，负责浸泡水泥、搬运材料等工作。在小工浸砖、沥砖、浸泡干水泥的同时，大工就会在卫生间等处找弹施工水平基准线。为了追求最终装饰效果，要求四面墙上每一排砖的镶贴都在同一水平线上，所以，该施工过程需要强调的是找弹施工水平基准线前，一定要看预镶贴的四面墙是否有窗户。如果有窗户，施工水平基准线应以窗台线为基准向下找弹；如果窗台较平整，施工水平基准线的找弹尺寸为"预镶贴釉面砖的尺寸 –20mm"，如图 2-24 所示；若窗台平整度相对不高，则施工水平基准线的找弹尺寸为"预镶贴釉面砖的尺寸 –30mm"（因为窗台面也需镶贴釉面砖，正常的镶贴厚度为 20 ~ 30mm，而窗台镶贴与窗台下墙的镶贴需要 45° 倒角对接镶贴，所以施工水平基准线就如上所述）。也就是说，找弹施工水平基准线应与地面间有较大距离，如图 2-25 所示。

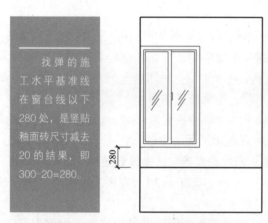

图 2-24　找弹镶贴施工水平基准线示意图

图 2-25　找弹镶贴施工水平基准线后实景图

6. 搅拌浸透的黏结剂或素水泥成浆糊

大工找弹施工水平基准线的过程中，黏结剂或素水泥基本浸透，小工即可用电动搅拌机或铁锹进行充分搅拌。

1）电动搅拌机搅拌黏结剂　具体方法可参考本书项目四工作过程五，充分搅拌成干湿度适中的浆糊，如图 2-26a 所示。将其拎至施工地点，等待即将开始的镶贴施工。

2）铁锹搅拌素水泥浆　搅拌后的浆糊如图 2-26b 所示。紧接着，将素水泥浆装入小灰桶并拎至施工地点，如图 2-26c 所示，等待即将开始的镶贴施工。

7. 镶贴

上述步骤完成后，接下来，就要针对具体墙面进行镶贴，而不同的墙面及墙面上不同部位，又有不同的施工要领，下面介绍几个重点部位的镶贴工艺。

（1）整面墙上镶贴　整面墙上镶贴过程包括沿已弹水平线架设镶贴支托，设计排砖，找画竖向镶贴基准线，第一块、第二块、第三块…釉面砖的镶贴，墙角处非整块的镶贴。

1）沿已弹水平线架设镶贴支托。对于整面无窗墙面，可以沿已弹施工基准线架设铝合金施工支托，如图 2-27 所示；也可以在已弹施工基准线的基础上向下找弹施工面墙上的施工水平线。正常情况下，该水平线应该在高出厨卫地面至少 200mm 处找弹。因为国家规范要求厨卫等地面镶贴时要有一定的坡度，日后使用过程中一旦地面有水，这样的坡度可以确保水流至地漏，防止地面积水。国家规范还规定，镶贴墙地砖时，墙砖要盖地砖，所以必须要离开地面向上一段距离找弹施工水平线，并依此线架设支托向上镶贴。若卫生间内需安装浴缸，则弹画施工水平线时，一定要按浴缸高度架设镶贴基准线。

a)   b)   c)

图 2-26 搅拌成浆糊状的黏结剂或素水泥浆并装入小灰桶

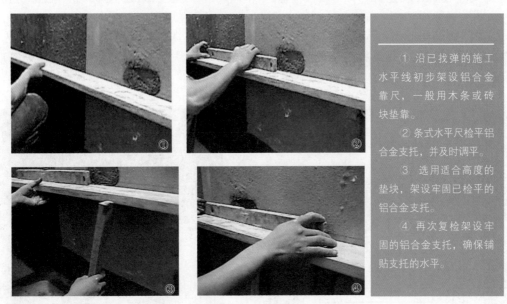

① 沿已找弹的施工水平线初步架设铝合金靠尺，一般用木条或砖块垫靠。

② 条式水平尺检平铝合金支托，并及时调平。

③ 选用适合高度的垫块，架设牢固已检平的铝合金支托。

④ 再次复检架设牢固的铝合金支托，确保铺贴支托的水平。

图 2-27 架设镶贴支托

2）设计排砖。为追求镶贴后面层的美观效果，釉面砖的排列要进行设计。首先，确定家居卫生间墙砖铺贴高度，正常情况下为2400mm，因为顶部有下沉的雨水管。接着，要丈量镶贴的墙面长度，如图2-28所示。最后，依据墙面长度和砖的规格计算该面墙需要镶贴几排整块釉面砖；若剩下的非整砖尺寸大于整块砖的2/3，则采用"墙中线开始向两边对称镶贴，非整块砖分别镶贴在两个墙角"的排列方式；若剩下的非整砖尺寸小于等于100mm，则确定采用"从一个墙角依次镶贴至另一墙角，非整块砖镶贴在另一个墙角"的排列方式。

以镶贴200mm×300mm的釉面砖举例说明：若丈量后镶贴墙面为1760mm，计算得出需镶贴排列八排整块釉面砖，即8×200mm=1600mm，还剩余160mm宽的非整块砖（1760mm-1600mm=160mm），这种情况下即可采用"墙中线开始向两边对称镶贴，非整块砖分别镶贴在两个墙角"的排列方式，因为160mm÷2=80mm，80mm宽的非整块釉面砖切割和镶贴都能满足施工质量要求，如图2-29所示。

若丈量后镶贴墙面为2050mm，计算得出需镶贴排列十排整块釉面砖，即10×200mm=2000mm，还剩余50mm宽的非整块砖（2050mm-2000mm=50mm），这种情况下即可采用"从一个墙角依次镶贴至另一墙角，非整块砖镶贴在另一个墙角"的排列方式，因为50mm÷2=25mm，25mm宽的非整块釉面砖切割和镶贴都会影响施工质量，如图2-30所示。

图 2-28 丈量墙长

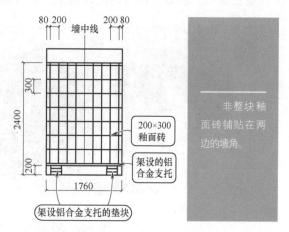

图 2-29 墙中线向两边对称镶贴方式

3）找画竖向镶贴基准线。若采用"墙中线开始向两边对称镶贴，非整块砖分别镶贴在两个墙角"的排列方式，必须用工具、用具找出墙面中心线并标画出来，因为这是第一块釉面砖镶贴基准线，如图 2-31 所示。反之，则不需要找出墙面中心线。

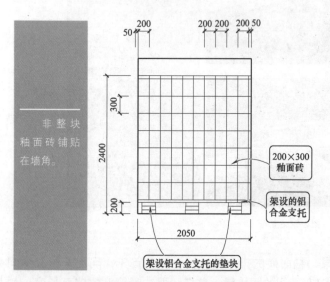

图 2-30 墙一角向另一角依次镶贴方式

图 2-31 画出竖向镶贴基准线——墙体中心线

4）第一块釉面砖的镶贴。釉面砖的镶贴，应从铝合金支托处开始先水平镶贴成第一排，然后，自下而上镶贴第二排、第三排…，直至镶贴到设计高度。由于城市公寓房室内净高大都为 2.75m 左右，加上卫生间、厨房下沉的各种下水管道，所以通常情况下，厨卫墙面镶贴的设计高度为 2.4m，而且每块釉面砖的镶贴都要按"预贴→背抹素水泥浆→敲贴→检平"四个步骤进行施工，如图 2-32 所示。

镶贴完成后，检查顶边与侧边。镶贴敲击时，由于重力作用，素水泥浆会下坠，造成顶边部分缺失素水泥浆，同时会从侧边挤出素水泥浆，如图 2-33 所示。此时应用尖抹子填刮顶端缺失的素水泥浆，并刮除从釉面砖边挤出的素水泥浆，如图 2-34 所示。填刮顶端缺失的素水泥浆，可确保釉面砖镶贴后此处不空鼓；刮除从釉面砖边挤出的素水泥浆，可确保紧邻釉面砖的密缝镶贴，符合施工要求。最后，再用水平仪、铝合金靠尺复检一次以确保镶贴的平整度和垂直度。

5）第二块釉面砖的镶贴。遵循"预贴→背抹素水泥浆→敲贴→检平"四个步骤镶贴第二块釉面砖。需要注意的是，敲贴过程中，要双手配合，初检镶贴平整度与垂直度等，如图 2-35 所示。

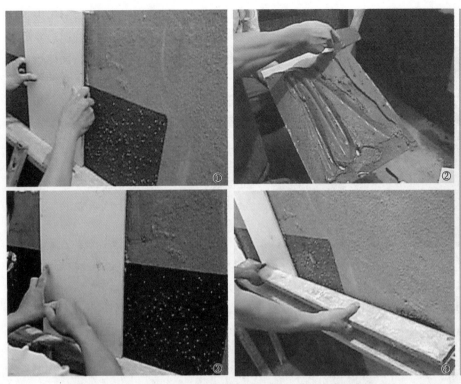

1. 挑取一块沥水后的釉面砖，双手轻握釉面砖，食指和中指放在釉面砖背面，预贴上墙，手指紧靠墙面，指厚即为素水泥浆的厚度。

2. 翻转釉面砖，背面朝上，左手托着釉面砖面层，右手用小尖头抹子从灰桶取出足量素水泥浆至釉面砖背面，并摊抹平整，不能留空，水泥浆厚度 10mm 左右，四周倒坡。

3. 凭经验和感觉，徒手轻敲面砖铺贴上墙，完成第一块釉面砖的铺贴，必要时可以使用橡胶锤子敲铺。

4. 由于铺贴后的第一块釉面砖是后序釉面砖铺贴的基准，因此必须用水平尺靠检垂直度，用 1m 长的铝合金靠尺水平靠检铺贴平整度。

图 2-32　第一块釉面砖的镶贴

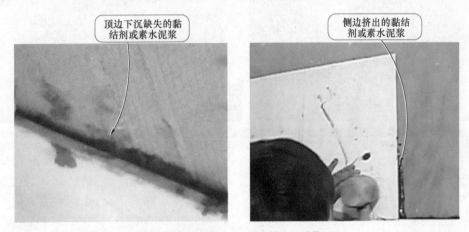

图 2-33　釉面砖镶贴后顶边与侧边的质量问题

图 2-34　整修镶贴后的釉面砖顶边和侧边

凭经验和感觉，双手配合，右手轻敲釉面砖，左手触摸与第一块釉面砖的接缝，感知接缝的高低来初步检验邻近釉面砖铺贴的平整度与垂直度等。

图 2-35　第二块釉面砖镶贴时平整度和垂直度等的初检

6）第三块釉面砖的镶贴。用上述方法和步骤，镶贴完成第三块釉面砖。需要注意的是，当镶贴完第三块釉面砖后，有了一定宽度，这时，需要用干水泥粉对已贴釉面砖顶边的素水泥浆进行收水处理，如图 2-36 所示。

7）第四块、第五块…釉面砖的镶贴。用上述方法和步骤镶贴第四块、第五块…釉面砖，直至镶贴完整面墙应镶贴的所有整块釉面砖，剩下位于墙角处的非整块砖未镶贴。

8）墙角处非整块釉面砖的镶贴。非整块砖的镶贴也从铝合金支托开始，自下而上逐块施工，每块砖的镶贴，都要遵循"丈量预贴墙面尺寸→丈量釉面砖划割尺寸→沿划割尺寸线裁割釉面砖→修整裁割边→预贴→背面抹灰→敲贴→检平"八个步骤进行施工，具体如下：

① 小尖抹挑少量干水泥粉，平移到靠墙面，边倾斜边沿墙滑动，使小尖抹子上的干水泥粉掉落并黏附在釉面砖顶边的素水泥浆上。

② 紧接着，用小尖抹子在粘有干水泥粉的釉面砖顶边上来回推移，使水泥干粉与潮湿的素水泥浆充分接触，这样既可以部分吸收素水泥浆的水分，迅速增强与釉面砖的黏结度，又可以使素水泥浆与釉面砖的连接更为密实，确保不会出现空鼓质量问题。

图 2-36　已贴釉面砖顶边素水泥浆收水处理

① 丈量预贴墙面尺寸，如图 2-37 所示。

① 准确丈量同一块釉面砖上端与墙角线的距离。

② 准确丈量同一块釉面砖下端与墙角线的距离。

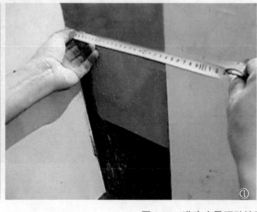

图 2-37　准确丈量预贴墙面尺寸

② 丈量釉面砖划割尺寸，该尺寸就是已丈量的预贴墙面尺寸，如图 2-38 所示。

③ 沿划割尺寸线裁割釉面砖，如图 2-39 所示。

④ 修整裁割边，如图 2-40 所示。

⑤ 预贴→背面抹灰→敲贴→检平，施工方法同整块釉面砖的镶贴。重复上述方法，逐块镶贴至施工结束。

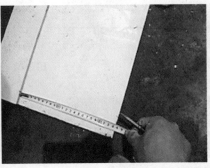

将预贴釉面砖平放在平整地面上，用直尺或边缘直顺物体作参照，分别在釉面砖正面的上、下边缘处的对应位置，丈量出准确的裁割尺寸，并标画出裁割线。一定要确保裁割边位于墙角，顺直边与已贴釉面砖邻接。

图 2-38 准确丈量釉面砖划割尺寸

1. 由于小规格釉面砖厚不足 10mm，而且是简单的直线划割，所以只需用划针在釉面砖正面沿直尺或顺直物边缘自一端用力划至另一端，连续进行 2~3 次划割即可。要确保每次划割的起落方向一致。

2. 将划针放在已划割釉面砖下面，要求对准划割线；然后，双手分别放在划割线两边的釉面砖上，同时垂直用力下按，即可完成裁割，整块釉面砖分成两块非整块。如果按压两次，釉面砖还没能断开，建议从釉面砖下面拿起划针，在釉面砖面层沿原划割线再次划割，然后再次按压分割，直至分割完成。

图 2-39 沿划割尺寸线裁割釉面砖

（2）有窗墙面及其窗台镶贴 有窗墙面及其窗台上的釉面砖镶贴应按"设计排砖→弹画施工水平线→沿已弹画施工水平线架设铝合金支托→镶贴"工序完成，具体如下：

1）设计排砖。为追求镶贴后面层的美观效果，釉面砖的排列要进行设计。正常情况下，带窗且窗户位置靠左的墙面，镶贴釉面砖前，其竖向施工基准线的找弹尺寸为窗洞的右侧窗线向左偏 20~30mm，如图 2-41 和图 2-42 所示。若窗洞侧面墙平整度、垂直度相对不高，则竖向施工基准线的找弹尺寸为右窗线向左偏 30mm；若窗侧面平整度、垂直度相对较高，则竖向施工基准线的找弹尺寸为右窗线向左偏 20mm，因为窗洞侧面墙也需镶贴釉面砖，正常的镶贴厚度为 20~30mm，而窗洞侧面墙镶贴与窗边墙的镶贴需要 45°倒角对接镶贴。

带窗且窗户位置靠右的墙面，其竖向施工基准线的找弹尺寸为窗洞的左侧窗线向右偏 20~30mm，如图 2-43 所示。带窗且窗户位置居中的墙面，应找弹三根施工基准线，如图 2-44 所示。

由于按压裁割后釉面砖的切割边缘相对毛糙，因此必须用手持电动切割机沿切割边缘打磨修整，直至边缘明显光滑，满足施工要求为止。

图 2-40　修整裁割后釉面砖的裁割边

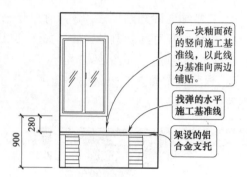

第一块釉面砖的竖向施工基准线，以此线为基准向两边铺贴。

找弹的水平施工基准线

架设的铝合金支托

图 2-41　找弹有左窗墙面竖向镶贴施工基准线示意图

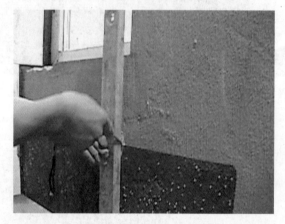

图 2-42　找弹有左窗墙面竖向镶贴施工基准线实景图

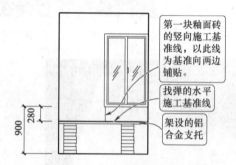

第一块釉面砖的竖向施工基准线，以此线为基准向两边铺贴。

找弹的水平施工基准线

架设的铝合金支托

图 2-43　找弹有右窗墙面竖向镶贴施工基准线示意图

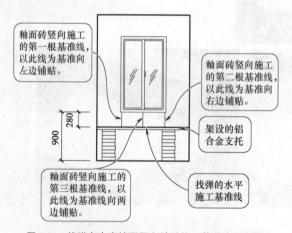

釉面砖竖向施工的第一根基准线，以此线为基准向左边铺贴。

釉面砖竖向施工的第二根基准线，以此线为基准向右边铺贴。

架设的铝合金支托

釉面砖竖向施工的第三根基准线，以此线为基准线向两边铺贴。

找弹的水平施工基准线

图 2-44　找弹有中窗墙面竖向镶贴施工基准线示意图

2）架设铝合金施工支托。方法同整面墙镶贴前铝合金施工支托的架设，同样经过"初步架设→水平尺检平→检平后架设牢固→再次复检"的步骤。

3）45°倒角切割第一块釉面砖。该块釉面砖位于窗台下面，需要与窗台呈 45°倒角对接镶贴，如图 2-45 所示。

4）预贴第一块砖→背面抹素水泥浆→镶贴第一块墙砖→检平，如图 2-46 所示。

5）镶贴第二块墙砖。由于该块釉面砖已远离窗台，所以无须 45°倒角切割，按"预贴→背面抹素水泥浆→镶贴→检平"程序完成镶贴，如图 2-47 所示。

6）重复上述操作，直至镶贴完整块釉面砖。余下窗下墙边非整块釉面砖未贴。

7）非整块釉面砖镶贴方法与整面墙的非整砖镶贴类似，如图 2-48 所示。

8）窗台上釉面砖的镶贴，与窗下墙的镶贴需要呈 45°倒角对接镶贴。

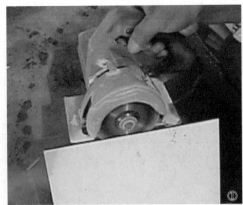

① 手持电动切割机，在釉面砖的背面呈45°倒角切割釉面砖，要求工人技术水平高，切割时手稳、匀速且细心，绝对不能破坏釉面。

② 呈45°倒角切割后，顺直、光滑，无爆瓷的倒角面；若出现爆瓷的倒角面，则必须重新更换釉面砖再进行切割，直到满足质量要求。

图 2-45 倒角切割第一块釉面砖

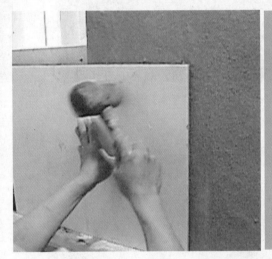

预贴→背抹素水泥浆→铺贴第一块砖，之后水平尺靠检垂直度，用1m长铝合金靠尺靠检铺贴平整度。

预贴→背抹素水泥浆→铺贴第二块砖，之后水平尺靠检垂直度，用1m长铝合金靠尺靠检铺贴平整度。

图 2-46 窗下墙第一块釉面砖镶贴、靠检   图 2-47 窗下墙第二块墙砖镶贴、靠检

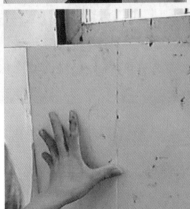

要按"45°倒角切割釉面砖→丈量预贴墙面尺寸→丈量釉面砖划割尺寸→沿划割尺寸线裁割釉面砖→修整裁割边→预贴→背面抹灰→敲贴→检平"九个步骤进行施工，要求耐心、细心。

图 2-48 窗下墙边非整块釉面砖的镶贴、靠检

　　首先，按图 2-37 和图 2-38 的方法，丈量窗台的镶贴裁割尺寸；其次，按图 2-45 所示的方法进行 45° 倒角切割，得到如图 2-49 所示半块且已倒角的釉面砖并预贴；紧接着，按图 2-50 和图 2-51 所示的方法进行镶贴直至完成任务。

图 2-49　将已倒角裁割后的釉面砖预贴

图 2-50　预贴后背抹素水泥浆镶贴

图 2-51　窗台板镶贴后，擦净对角线，
检查镶贴是否密缝、有无爆角

① 准确丈量开关盒一端的高度及其与周边已贴釉面砖的距离。
② 准确丈量开关盒另一端的高度及其与周边已贴釉面砖的距离。

图 2-52　开关处镶贴前仔细丈量裁割尺寸

　　（3）墙面开关处墙砖镶贴　当釉面砖镶贴到开关的位置，此处的镶贴收口又有特定的工艺要求时，其具体方法与步骤如图 2-52 ～图 2-58 所示。

将预贴釉面砖翻转，釉面朝下平放在平整防护面上，用直尺或边缘直顺物体作参照，分别在釉面砖背面的上、下、左、右边缘处的对应位置，丈量出准确的裁割尺寸，并标画出裁割线，但一定要确保裁割部位方向正确。

图 2-53　在釉面砖背面量准裁割尺寸

由于需要裁割的洞口相对直线裁割较为复杂，而且是在凹凸不平的背面进行裁割，划针无法操作，因此将釉面砖架空，双手配合，用手持电动切割机沿标示线切割，切割时要手稳、匀速且细心。

图 2-54　在釉面砖背面沿裁割线电动裁割

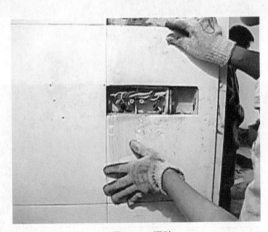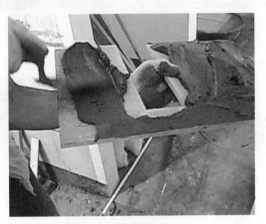

图 2-55　预贴　　　　　　　　　图 2-56　背抹素水泥浆

图 2-57　橡皮锤子轻敲镶贴、手摸检平　　　图 2-58　用干水泥沾缝收水后清除多余水泥

（4）墙面水管弯头处墙砖镶贴　当镶贴到有水管外丝弯头处时，镶贴收口有更高的工艺要求，如图 2-59 ~ 图 2-68 所示。

①准确丈量一个外丝弯头的直径及其与周边已贴釉面砖的距离。

②准确丈量另一个外丝弯头的直径及其与周边已贴釉面砖的距离。

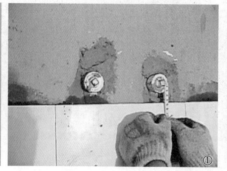

图 2-59　水管外丝接头处釉面砖镶贴前仔细丈量裁割尺寸

丈量方法同图 2-53。

图 2-60　在釉面砖背面量准裁割尺寸，并标示裁割记号

①手持电动切割机环切记号处。

②手持电动切割机荡切记号处。

③手持电动切割机荡切穿釉面砖，在釉面层形成比弯头直径小些的圆孔。

④同样地，用电动切割机荡切出另一个圆孔，两个圆孔直径差不多。

图 2-61　在釉面砖背面电动切割出圆孔

预贴，检查荡切孔洞大小、位置是否适合。

图 2-62　水管外丝弯头处釉面砖的预贴

用金属物在釉面砖正面敲击，凭感觉逐渐扩大孔洞；不能一次性外扩过大，否则会影响施工质量。

图 2-63　釉面砖预贴后，在其正面敲击扩大孔洞

凭肉眼判断，感觉外扩洞口与外丝弯头直径差不多大小时，第二次预贴，检查孔洞大小，直至合适套住丝弯头。

图 2-64　扩孔后进行第二次预贴至合适

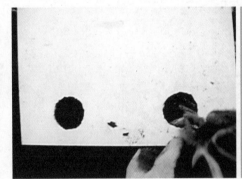

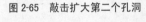

用同样的方法，完成第二个孔洞的外扩，直至合适地套住丝弯头。

图 2-65　敲击扩大第二个孔洞

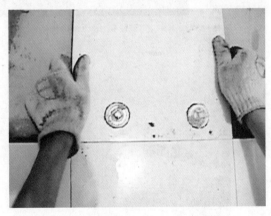

图 2-66　扩孔后进行第三次预贴至合适

图 2-67　第三次预贴合适后，背面抹素水泥浆

背面抹黏结剂或素水泥浆和铺贴的过程一定要倍加小心，一旦敲击铺贴过程中孔洞处出现断裂或损坏，必须更换此块釉面砖，这将意味着，必须重新进行丈量、切割圆孔等一系列复杂、细致的施工。

图 2-68　橡胶锤子加手摸接缝镶贴至合适

图 2-69　瓷砖打孔机

目前，有的工人使用如图 2-69 所示的瓷砖打孔机开孔，虽然提高了工作效率，但对于水管外丝弯头处的准确定位开孔有一定难度，不如人工现场常规开孔效率高，同时，也不利于提高瓦工的技术水平。

（5）镶贴后缝隙及面层清理　在天气好的情况下，上午镶贴釉面砖后，下午就可以清理面层及缝隙，如图 2-70 所示；等该工地全部硬装施工结束后、软装家具进场前，才可用专用美缝剂（图 2-71a）填嵌缝隙，具体施工方法有两种：不贴美纹纸和贴美纹纸。不贴美纹纸的方法施工简便效率高，适宜大面积位置，详见图 2-71b、c;贴美纹纸的方法更适合阴阳角处，详见图 2-71d、e。

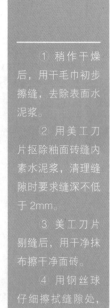

① 稍作干燥后，用干毛巾初步擦缝，去除表面水泥浆。

② 用美工刀片抠除釉面砖缝内素水泥浆，清理缝隙时要求缝深不低于 2mm。

③ 美工刀片剔缝后，用干净抹布擦干净面砖。

④ 用钢丝球仔细擦拭缝隙处，擦除干净刀片未抠净的素水泥浆。

图 2-70　镶贴后釉面砖缝隙与面层清理

（6）卫生间等地面的防水处理　所有墙面釉面砖镶贴完工（离地面 200mm 左右除外）后，即可清理地面，在地面及与地面交接处的墙面上涂布施工防水层。《住宅装饰装修工程施工规范》（GB 50327—2001）规定：防水施工宜采用涂膜防水；防水层应从地面延伸到墙面，高出地面 100mm，浴室墙面的防水层不低于 1800mm。规范的、规模大的装饰公司，都会制定高于国家规范的企业规范：卫生间淋浴区防水涂刷超过 1800mm；厨房、卫生间的防水层从地面延伸到墙面，高出地面 300mm。

目前，市场常用复合聚合物水泥基防水涂料，简称 JS 防水涂料，就是一种专用涂膜防水涂料，如图 2-72 所示。外包装上都注明施工说明，使用前一定要仔细阅读。

地面防水施工工艺为"基层表面检查、清理、局部修补→涂刷 JS 防水涂料底涂→阴、阳角等部位加强处理→涂刷或刮涂 JS 防水涂料第一遍→涂刷 JS 防水涂料第二遍和第三遍→竣工验收"。

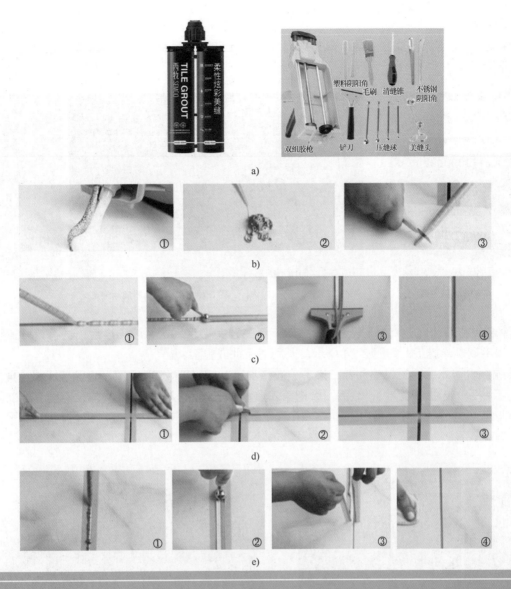

a）美缝胶及美缝常用工具

目前，工地常用成品美缝剂填嵌缝隙，使用前应仔细阅读产品施工说明，严格按产品施工说明进行施工。

b）安装胶枪与切割胶嘴

① AB 料同时挤出美缝剂后，即可安装胶嘴。

② 由于 AB 料需要充分混合，因此胶嘴挤出的 40cm 左右不能使用。

③ 按缝隙大小切割胶嘴，注意要适中。

c）填嵌施工与清理

① 缝隙再次清理后，常用稀释的洗手液擦拭缝隙边缘的瓷砖面（利于干后铲除瓷砖面上的余料，否则会清理不干净）；接着，直接挤压胶枪，将美缝剂均匀挤入缝隙 2 ~ 3mm 深。

② 专用压边球，指套压边，每处压 1 ~ 2 次即可，确保缝隙内美缝剂饱满均匀无空隙、露底等。

③ 24 小时后，美缝剂完全硬化即可用专用铲刀清除瓷砖上的余料。

④ 美缝后的效果。

d）裱贴美纹纸与修整

① 正常情况下，美纹纸贴离砖缝 0.5mm 左右。

② 用美工刀切割十字缝处的美纹纸，要求细致耐心。

③ 裁割修整后的十字缝处的美纹纸边缘齐整没毛刺，十字缝整齐。

e）施工与修整

① 均匀打胶。

② 专用工具压胶。

③ 立即撕掉美纹纸。

④ 立即用毛巾擦除残留美缝胶。

图 2-71 美缝剂及美缝处理和装饰效果

具体施工要点如下：

1）涂刷 JS 防水涂料底涂→阴、阳角等部位加强处理。底涂是为了提高涂膜与基层的黏结力，如图 2-73 所示。

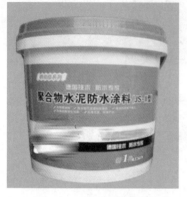

图 2-72 JS 防水涂料包装

底涂采用长柄滚筒辊涂，要求辊涂均匀不得漏底，该过程中，在阴阳角、施工缝等易发生漏水的部位，采用 300mm 宽的玻纤网格布增强处理，然后用油漆刷涂刷一两遍 JS 防水涂料。

图 2-73 JS 防水涂料底涂施工

2）涂刷或刮涂 JS 防水涂料第一遍。细部节点处理完工且底层涂膜干燥后，进行第一遍涂膜的施工。采用鬃毛刷刷涂施工，如图 2-74 所示，或用刮板批嵌施工。

3）涂刷 JS 防水涂料第二遍和第三遍。一般情况下，间隔 6～8h 且第一道涂膜干燥（具体检测方法以手摸不粘手、无指印为准）；之后，涂刷第二道和第三道涂膜，涂刷要均匀，不能有局部沉积，涂刷的方向与第一道相互垂直，第二道和第三道相互垂直。每层涂膜施工时都需要涂膜搭接，最终施工效果如图 2-75 所示。

施工时要均匀，不能有局部沉积，并要多次涂刷，使涂料与基层之间不留气泡。同层涂膜先后搭接宽度为 50mm，施工缝搭接宽度大于 100mm。

图 2-74 JS 防水涂料第一遍施工

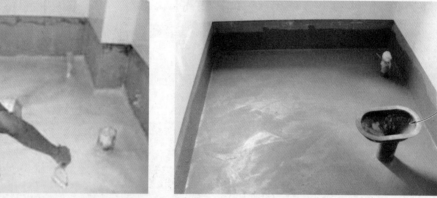

自用简易马桶

图 2-75 JS 防水涂料第二、三遍施工后的效果

图 2-76 防水涂膜干透后的封闭试水

涂膜干燥期间，严禁踩踏破坏防水层，养护两天后，涂膜即可干燥；之后，进行墙地面封闭试水，如图 2-76 所示。试水两天后，如未发现楼下有渗漏现象，即可进行墙地砖铺贴。

工作过程四　玻化砖楼地面镶贴

一、识读地面选材镶贴图

　　厨房、卫生间等地面封闭试水的同时，可以进行客厅、餐厅等地方的大面积地砖的镶贴。施工图是装修镶贴施工的依据，不同户型、不同镶贴面积、不同墙地砖规格等因素，共同决定着墙地砖的镶贴，而这些因素大都在施工图样上有详细的标注，所以在施工前一定要仔细识读施工图，否则，轻者影响施工，重者造成材料的浪费或有失美观。正常情况下，整套施工图样中都会有地面选材镶贴图，如图2-77所示。读图时，应从以下几个方面识读：

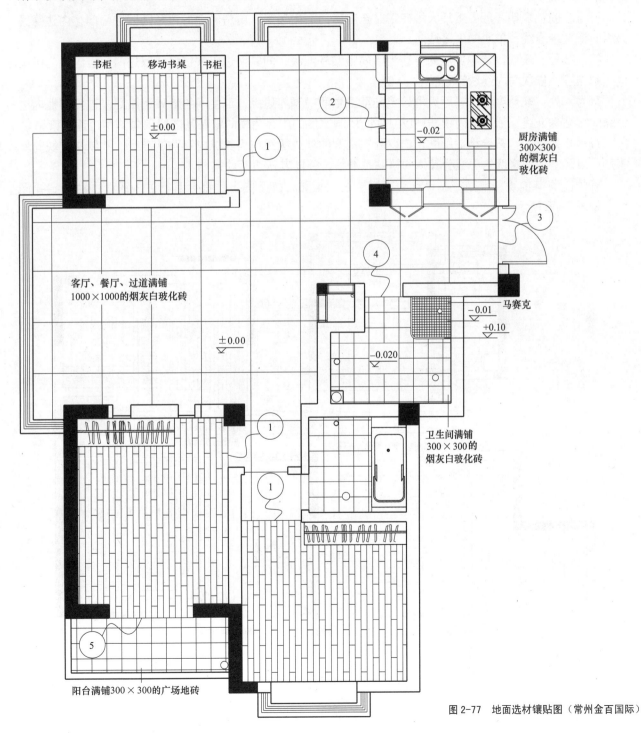

图 2-77　地面选材镶贴图（常州金百国际）

1）识读需要铺设地砖的区域，如图 2-77 所示有客厅、餐厅、厨房、过道、卫生间、阳台等镶贴区域。

2）识读每个地砖镶贴区域所选用的材料及规格，如厨房、卫生间满铺 300mm×300mm 的烟灰白玻化砖，卫生间、淋浴间地面铺马赛克；客厅、餐厅、过道满铺 1000mm×1000mm 的烟灰白玻化砖等。

3）识读不同空间的基本尺寸。

4）识读不同空间镶贴后的高差标高等基本信息，如客厅为 ± 0.00，卫生间为 $\overline{-0.02}$。

5）除识读上述基本信息外，还必须注意识读如图 2-77 所示的符号处（这些符号在原施工图样中没有标明，是编者为了引导读图而在原施工图上另注明的），这些地方都是门洞口的位置，这些地面的镶贴设计则表明了地砖镶贴的基准、方向、大小等信息。具体如下：

符号①处：表明客厅、餐厅大地砖镶贴至卧室、书房等门洞内边缘，卧室、书房等的木地板则以此为基准向内铺设。

符号②处：表明客厅、餐厅大地砖镶贴至厨房门洞内边缘，厨房的地砖镶贴则以进门门槛内边缘线为纵向镶贴基准线，依次向内镶贴。

符号③处：表明以走廊宽度的中线为横向镶贴基准线，向其两边逐块镶贴；以进门门槛内边为纵向镶贴基准线，依次向内逐块镶贴。

符号④处：表明客厅、餐厅大地砖镶贴至卫生间门洞内边缘，卫生间的地砖镶贴则以进门门槛内边为纵向镶贴基准线，依次向内镶贴；以卫生间门洞宽度的中线为横向镶贴基准线，向其两边逐块镶贴。

符号⑤处表明：阳台地砖镶贴，应以卧室门洞的外边缘线作为其纵向镶贴基准线，并依次逐块向外镶贴；以卧室门洞宽度的中线为其横向镶贴基准线，并向其两边逐块镶贴。

有的门洞口位置，地面镶贴设计为花岗岩过门镶贴，施工图上则都会有标注，识读图时一定要仔细，如图 2-78 所示。

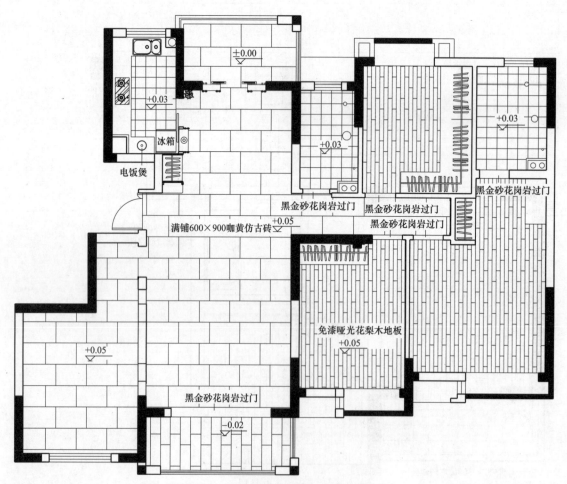

图 2-78　地面选材镶贴图（常州世茂香槟湖）

二、玻化砖楼、地面镶贴施工

各种准备完成后，即可进行玻化砖镶贴施工。玻化砖按"验砖→浸泡素水泥→清理并浸湿预贴地面→搅拌水泥干硬性砂浆→检验水泥干硬性砂浆干湿度→沿已弹水平线镶贴定位两块或三块面砖→搅拌素水泥浆→拉设镶贴基准线→逐块镶贴→清理面层与嵌缝→清理工具"这 11 道工序进行施工。

（1）验砖　见本项目工作过程三。

（2）浸泡素水泥　参见图 2-23 所示的施工方法。

（3）清理并浸湿预贴地面　如图 2-79 所示。

　　洒水浸湿预贴地面，既可以将浮灰融入水中，又能增加基层地面与地砖的黏结度，有效减少"地空鼓"的质量问题。若地面不进行洒水浸湿，地面基层上就会有一层很难清扫干净的灰尘，在有灰尘的地面上铺贴，就是将干硬性水泥砂浆铺放在一层浮灰上，必然会影响干硬性水泥砂浆与楼地面的有效连接，有可能造成地面与干硬性水泥砂浆层间的空鼓，这就叫"地空鼓"。

图 2-79　洒水至预贴地面

（4）搅拌水泥干硬性砂浆→检验水泥干硬性砂浆干湿度　参见图 2-7 所示的施工方法。

（5）沿已弹水平线镶贴定位两块砖→拉设镶贴基准线　如图 2-80 所示。如果预镶贴面积较大，与镶贴的两块定位砖之间距离过长，导致拉设的镶贴基准线下沉，则有必要在预贴的两块定位砖中间点位置再预贴一块定位砖，如图 2-81 所示。施工现场常就地取材，选用普通黏土砖作为拉设镶贴基准线缠绕的固定重物，如图 2-82 所示。

　　① 按已弹铺贴基准线，在预铺地面的一个拐角用干黄砂预贴一块玻化砖；调平整后，在玻化砖的面层上架设一台激光水平仪。
　　② 接着，借助已弹铺贴基准线和架设好的激光水平仪，在预铺地面的另一个拐角用水泥干硬性砂浆预贴另一块玻化砖；调平整后，用尼龙绳在这两块砖之间拉平绷紧，作为两块玻化砖之间其他地砖的铺贴基准线。

图 2-80　玻化砖在预贴现场两端的定位镶贴

图 2-81　玻化砖在预贴现场中间部位的定位镶贴

图 2-82　拉设镶贴基准线缠绕的普通黏土砖

（6）逐块镶贴　逐块镶贴分为整块与非整块玻化砖的镶贴。

1）整块玻化砖镶贴。每块砖都要经过"摊铺平整水泥干硬性砂浆→预贴→背面刮抹素水泥浆→镶贴→检平"几道工序，具体施工方法与步骤如下。

①摊铺平整水泥干硬性砂浆，如图 2-83 所示。

②玻化砖预贴，如图 2-84 所示。

③玻化砖背面刮抹素水泥浆。素水泥浆的浸泡如图 2-23 所示；素水泥浆的搅拌、装桶等如图 2-26 所示；玻化砖背面刮抹素水泥浆，如图 2-85 所示。

④镶贴。

第一步，将满铺素水泥浆的玻化砖翻转过来，如图 2-86 所示；放贴玻化砖，如图 2-87 所示。

① 将适量干湿度、配合比都符合施工质量要求的水泥干硬性砂浆堆铺在欲贴处。

② 轻握钢抹，用摊铺开水泥干硬性砂浆的力气边摊铺边轻压，同时观察摊铺开来的厚度，并依据经验和铺贴基准线的高度及时增减水泥干硬性砂浆。

③ 用钢抹反复轻摊、轻压水泥干硬性砂浆，直至摊平。要求与预贴地砖表面持平。砂浆层应松软适中，不能太硬结，也不能太松软，否则都不利于后序的铺贴施工。

图 2-83 钢抹子轻压、摊平水泥干硬性砂浆层

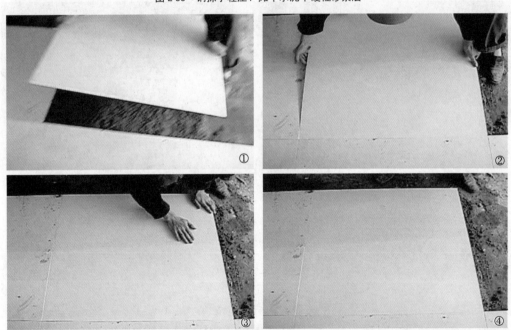

① 由于玻化砖规格大、自身重，因此预贴时要双手紧握已检验合格的玻化砖，并搬移至预贴部位的上方。

② 双手紧握玻化砖，岔开双腿，弯腰对正位置后慢慢下放至适合铺贴的位置，并注意手部安全。

③ 施工员顺势蹲下，同时用手掌轻拍玻化砖，并不断更换轻拍位置，使玻化砖均匀下沉。

④ 继续轻拍而玻化砖没有下沉，说明此时玻化砖底部的水泥干硬性砂浆已基本密实；接着，检查预贴玻化砖是否与周边已贴玻化砖面层持平，若发现高出周边已贴面砖，则需拿开预贴玻化砖，用钢抹轻刮掉高出部分的水泥干硬性砂浆再预贴，直至与周边已贴面砖面层持平，相反，则需增加水泥干硬性砂浆的高度再预贴，直至与周边已贴面砖面层持平。

图 2-84 预贴已检验合格的玻化砖

① 翻转玻化砖，背面朝上放置在塑料桶上（也可用防水涂料的空塑料桶），并在中间堆放素水泥浆。

② 用小尖钢抹用力摊铺素水泥浆，并及时从小灰桶中刮挖素水泥浆，堆至玻化砖背面并继续摊铺。

③ 素水泥浆摊铺满玻化砖背面，20mm左右厚，要求中间部分比四周稍高些。

图 2-85　玻化砖背抹并摊铺素水泥浆

① 岔开双腿，弯腰，双手手指扣握玻化砖面层，逐渐直腰，用力上抬满铺素水泥浆的玻化砖，注意尽量少碰触素水泥浆。

② 向上抬边平移玻化砖，将其一边靠放在其下垫置的塑料桶中心左右的位置上，松开右手，左手逐渐用力翻转满铺素水泥浆的玻化砖并将其直立在塑料桶上。

图 2-86　翻转已摊满素水泥浆的玻化砖

　　第二步，对铺贴后的玻化砖进行镶贴位置的调正，密缝镶贴位置的调正，如图 2-88 所示；如果要求玻化砖之间离缝镶贴，那么调正镶贴位置时，必须用十字缝卡留缝，如图 2-89a 所示；对大地砖，尤其是长 1000mm 的大地砖，必须用瓷砖找平器来调平，如图 2-89b 所示；十字卡离缝镶贴和瓷砖找平器镶贴是目前最常用的镶贴法。

　　第三步，对调整位置后的玻化砖进行敲铺，如图 2-90 所示；如果缝隙不够密实，可以用橡皮榔头轻敲击釉面砖侧边来使缝隙密实，如图 2-91 所示。

双手配合将翻转的玻化砖搬移至预贴位置，岔开双腿，弯腰，双手手指扣握玻化砖有素水泥浆的底层，逐渐弯腰下放玻化砖至适合的铺贴位置，注意尽量少碰触素水泥浆。此过程要求施工员体力和技术都较好，注意协调用力，以免扭伤身体。

图 2-87 向下放贴玻化砖

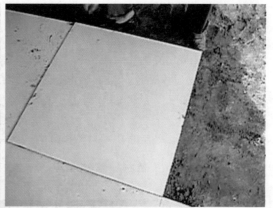

弯腰向下放贴玻化砖，不可能放贴到准确的铺贴位置，肯定存在或多或少的误差，所以，必须按施工要求调整预贴玻化砖与已贴玻化砖的位置，直至对正。

图 2-88 玻化砖放贴后的调整

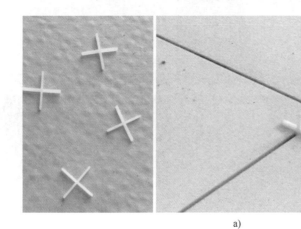

a)

图 2-89 用十字塑料卡和瓷砖找平器进行留缝和调平镶贴

a）十字塑料卡及留缝镶贴

① 将找平器插入预留缝中。

② 根据瓷砖间具体高低差，将扳手放在调平器上仔细旋动至平整。

③ 调平后，将调平器留在缝隙内，等待铺贴的瓷砖完全牢固，再取下来，确保铺贴地砖的平整。

图 2-89　用十字塑料卡和瓷砖找平器进行留缝和调平镶贴（续）

b）瓷砖找平器及调平镶贴

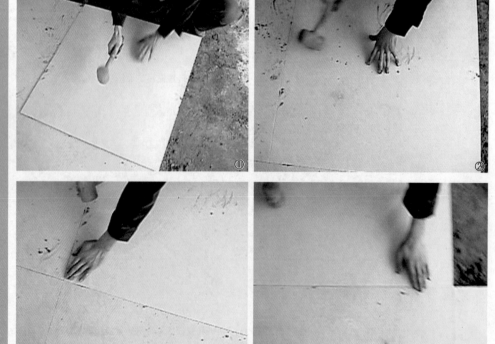

① 施工员蹲下后，上身前倾，重心前移，左手撑着玻化砖面，右手用橡皮榔头垂直敲铺玻化砖，先敲中间，接着敲四周，要求不同部位都要敲到。

② 当遇到铺贴有误时，也可以倾斜橡皮榔头，侧敲玻化砖，直至施工符合质量要求。

③ 当敲铺玻化砖下沉至面层稍高于周边已铺贴玻化砖面层时，需要边轻敲边手摸玻化砖角、边的接缝，直至敲铺至与已铺贴玻化砖面层持平。

图 2-90　敲铺玻化砖

第四步，敲铺玻化砖平整后，为进一步确保施工质量，还需用工具密实周边水泥干硬性砂浆垫层，如图 2-92 所示。

第五步，用钢抹清理干净玻化砖四周溢出的多余砂浆，为镶贴下一块玻化砖做准备，如图 2-93 所示。

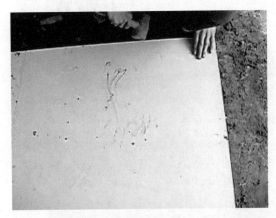

图 2-91 橡皮榔头柄轻敲玻化砖侧边线，实现对边密缝

图 2-92 橡皮榔头捣压密实玻化砖的砂浆垫层

图 2-93 竖立钢抹，刮割清理干净玻化砖侧面多余砂浆

重复上述施工方法，按步骤将所有整块釉面砖镶贴完毕，即可进行非整块玻化砖的镶贴。

2）非整块玻化砖的镶贴。每块砖都要经过"丈量预贴尺寸→依据预贴尺寸丈量与裁割玻化砖→摊铺平整水泥干硬性砂浆→预贴→背面刮抹素水泥浆→镶贴→检平"几道工序，具体施工方法与步骤如下。

① 丈量预贴尺寸，操作方法可参见图 2-37。注意预贴尺寸一定要考虑地砖与墙边的留缝，要求留 8～10mm 的缝隙，以备玻化砖下面水泥干硬性砂浆垫层的水分蒸发。如玻化砖直接顶墙镶贴而不留缝隙，地砖下面水泥砂浆垫层的水分则被干燥的墙体吸入；吸入水分的墙体，当气温升高时，水汽就会从墙体向外蒸发出来，这将会撑破乳胶漆面层，也可能致使木质装饰面层或踢脚板发霉。

② 依据预贴尺寸丈量与裁割玻化砖，将玻化砖面层向上平放在手推切割机内，丈量裁割尺寸后，手推裁割地砖，如图 2-94 所示。

③ "摊铺平整水泥干硬性砂浆→预贴→背面刮抹素水泥浆→镶贴→检平"等几道工序的施工方法与整块玻化砖的镶贴相同，直至所有非整块砖的施工完成。

完成所有玻化砖的施工任务，清理面层及其缝隙后，进行嵌缝处理。常采用填缝剂填嵌法，处理方法同釉面墙砖嵌缝法，得到如图 2-95 所示的整体效果。

① 手握手推切割机把手，在玻化砖面层上一端对准裁割线，边用力下按边沿着切割线向前划割到另一端，再重复一次划割即可。

② 抬高手推切割机把手，使切割刀具离开玻化砖面层，同时向后收拉使其离开地砖面层，接着手握住"分割把手"并向后用力扳压裁割缝，轻易断开地砖。

图 2-94　手推切割机切割玻化砖

图 2-95　玻化砖镶贴后的效果

上述玻化砖的施工方法，同样适用于釉面地砖、花岗岩、仿古砖、场砖等的施工。所以，可用上述方法完成厨房、卫生间、阳台的地面砖的镶贴，如图 2-96 所示。接着，再根据厨房、卫生间等地面设计坡度，将镶贴基准线以下的釉面墙砖逐块裁割、镶贴（墙地收口处理为墙砖盖压地砖），这样操作直至完成所有厨卫空间的施工任务。清理面层及其缝隙并对其进行嵌缝处理，方法同釉面墙砖嵌缝法，得到如图 2-97 所示的整体效果。

值得一提的是，由于大地砖的应用越来越多，使用背面抹黏结剂铺贴比较费力，很多工人则采用浇浆铺贴，但实践证明，浇浆铺贴后的地砖容易出现"空鼓"的质量问题。

图 2-96　厨卫釉面地砖镶贴

图 2-97　厨卫空间釉面地砖镶贴后的效果

工作过程五　其他类型饰面砖墙面镶贴

一、玻化地砖点系挂镶贴上墙

随着时代的发展，装修越来越要求个性化，逐渐地，有业主将公共装修的一些工艺沿用到家居装修中。比如，玻化地砖镶贴上墙的做法，即将 600mm×600mm、800mm×800mm 等大规格玻化地砖在工厂中用水刀切割一剖为二、45° 倒角车边，然后搬运到施工现场镶贴上墙。玻化地砖点系挂镶贴上墙常采用两种镶贴方法。

1. 高强度黏结剂镶贴

如果要将 600mm×600mm 玻化地砖一剖为二上墙镶贴，由于裁割后规格为 300mm×600mm，从其自重和施工质量考虑，宜选用强力或超强力黏结剂镶贴，如图 2-98 所示。具体施工方法与步骤同釉面墙砖镶贴方法。

图 2-98　不同强度黏结剂包装图

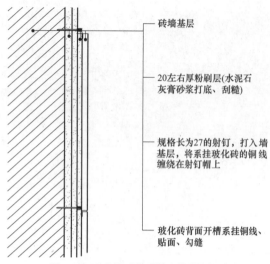

图 2-99 玻化地砖点系挂上墙镶贴构造图
注：文字自上向下读表示构造图的自左向右。

砖墙基层

20左右厚粉刷层(水泥石灰膏砂浆打底、刮糙)

规格长为27的射钉，打入墙基层，将系挂玻化砖的铜线缠绕在射钉帽上

玻化砖背面开槽系挂铜线、贴面、勾缝

2. 点系挂 + 专用黏结剂镶贴

如果要将 800mm×800mm 或以上规格的玻化地砖一剖为二上墙镶贴，由于裁割后规格为 400mm×800mm，从其自重和施工质量考虑，必须用"点系挂 + 专用黏结剂"镶贴方法，具体如下所述。

（1）施工前业主的准备　在零星砌筑完工后，业主即可请瓷砖供应商上门准确丈量墙面预镶贴尺寸，并根据设计要求计算所需玻化地砖的块数，然后进行裁割及每块饰面砖的倒角磨光等处理。这种加工需要一段时间，所以业主需要提前做好准备。

（2）施工前装饰公司的准备　施工前装饰公司的准备工作包括识读构造图和备足辅料。

1）识读构造图。构造图是施工的标准，应按图施工，如图 2-99 所示。

2）备足辅料。常用辅料包括强力黏结剂、27mm 长不锈钢钉、云石胶、铜丝等，如图 2-100 所示。

① 3L 装云石胶，一组配有固化剂，适宜玻化砖干挂的快速定位，定位铜丝在玻化砖背面。

② 根据铺贴面积和每包铺贴面积计算选购足量强力黏结剂，并堆放在干燥且不影响施工的墙边缘。

③ φ 0.51mm 的铜丝，足量，用于连接玻化砖和点挂物用。

④ 27mm 长的不锈钢钉，足量，打入墙基层做点挂物用。

图 2-100　辅料配置图

（3）施工　由于大块玻化砖自身重，因此将其点系挂上墙镶贴时只能从紧靠地面开始逐排向上镶贴、系挂，与厨卫小块釉面墙砖镶贴有所不同。

1）钳割铜丝，如图 2-101 所示。

2）切割 U 形暗槽，用于铜丝的系挂（后文简称系挂槽）。对于预贴玻化砖，首先要设计开槽的位置与尺寸，如图 2-102 所示；然后，手持电动切割机在设计的位置按设计尺寸进行切割，如图 2-103 所

示；切割合格的系挂槽，如图 2-104 所示。

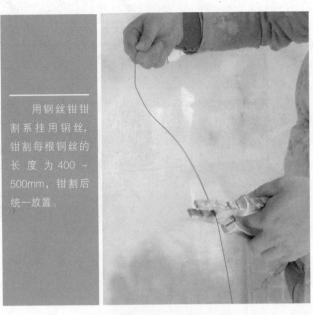

图 2-101 钳割铜丝图

用钢丝钳钳割系挂用铜丝，钳割每根铜丝的长度为 400 ~ 500mm，钳割后统一放置。

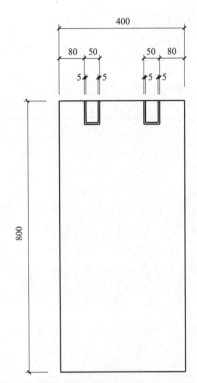

图 2-102 系挂槽切割位置、尺寸设计图

将玻化砖背面朝上，平放在塑料桶上，手持电动切割机在背面设计的位置切割系挂槽。

图 2-103 切割系挂槽

切割完成的系挂槽，槽宽、槽深要一致，槽边顺直。

图 2-104 切割合格的系挂槽

3）在系挂槽内绑扎铜丝，如图 2-105 和图 2-106 所示。

4）云石胶填嵌系挂槽，固定铜丝与玻化砖连成一体，如图 2-107 所示。刮抹填嵌后符合质量要求的侧面，如图 2-108 所示。

上述操作，不宜一次性切割过多玻化砖，否则，切割扬起的粉尘过大，影响后续施工；另外，立靠养护需要占用过大空间而影响墙面施工。凭经验，一次性操作 15 ~ 20 块玻化砖为宜，施工上墙完成后再重复上述操作。

① 找准铜丝的中心部位，对正系挂槽的中点位置，用手指将铜丝嵌入系挂槽内，折弯处需双手配合，折压进入系挂槽内。

② 将铜丝全部嵌入系挂槽内，双手拉紧铜丝，使其贴紧系挂槽壁。

③ 双手抓紧铜丝的两端，将双手移至稍低于玻化砖的位置，双手用力下拉铜丝，确保铜丝没有跳出系挂槽。同时，交叉双手，拧结铜丝，直至铜丝拧结箍紧系挂槽内壁；确保牢固系结后，再将铜丝弯转至玻化砖的正面，以防外力推碰掉箍紧的铜丝圈，使其掉离系挂槽。

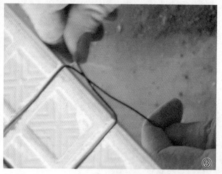

图 2-105 系挂槽内嵌系铜丝

用同样的施工方法，将铜丝嵌入玻化砖背面切割合格后的系挂槽内并绷紧弯转。

图 2-106 另一个系挂槽内嵌系铜丝

需找一块干净的面板，用腻子铲刀按云石胶施工说明调配云石胶。

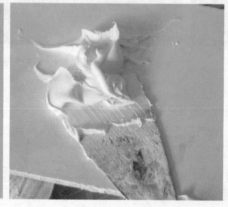

图 2-107 云石胶胶固铜丝至玻化砖上

用腻子铲刀将调配好的云石胶用力刮抹嵌入系挂槽内，不同方向用力刮抹，确保云石胶与铜丝和系挂槽壁连接密实，表面无较大凸起物。

图 2-107 云石胶胶固铜丝至玻化砖上（续）

图 2-108 合格填嵌云石胶示意图

5）云石胶填嵌后需要立靠养护，干透才可以施工上墙，如图 2-109 所示。云石胶彻底干透后的叠放如图 2-110 所示。

轻拿轻放立靠养护，夏天气温高，2～3min 后云石胶可彻底干透，冬天气温偏低，则需要 10min 左右，具体干透时间还要看当时的天气而定。

图 2-109 云石胶填嵌后的立靠养护

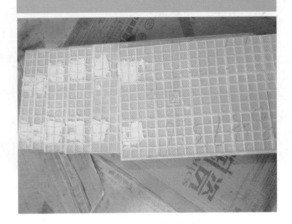

轻拿且背面朝上叠放在靠近施工点的位置，注意玻化砖下垫上干净软质垫置物，以防破坏其面层。

图 2-110 云石胶干透后的叠放

6）大工拉挂施工水平线，如图 2-111 所示；同时，小工搅拌黏结剂，方法参见图 2-26。

参照原先找好的施工水平线，在预贴墙面两端分别将钢钉打入墙面，两端的钢钉应在同一水平线上；然后，将尼龙线在一端钢钉上绕结牢固，并拉线到另一端钢钉上绕结绷紧。

图 2-111 拉挂施工水平线

7）镶贴第一块玻化砖。正常情况下，应先从墙阳角处开始镶贴，如图 2-112 所示。

① 由于预贴玻化砖是厂家按墙面具体尺寸、部位预制的，所以，要找准该部位预贴玻化砖并预贴，确保铜丝外露，并调整、初步确定黏结剂厚度。

② 根据预贴时初步确定的黏结剂厚度要求，在玻化砖背面刮抹足量黏结剂。

③ 确定玻化砖有铜丝的一端朝上，接着双手紧握玻化砖，将另一端轻贴放在已贴地面砖上，双手轻推玻化砖上端贴靠上墙；如发现黏结剂厚度不满足施工要求，取下调整厚度，再次铺贴直到适合。

④ 第一块玻化砖铺贴后，检查侧面黏结剂是否饱满；若不饱满，则调铺。

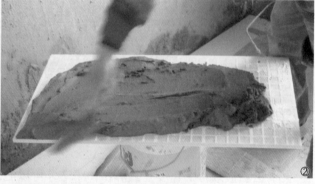

图 2-112 第一块玻化砖镶贴

8）镶贴第二块玻化砖。遵循"预贴→背面抹黏结剂→敲贴→检平"四步骤，镶贴方法同釉面墙砖，注意十字卡件的运用，如图 2-113 所示。

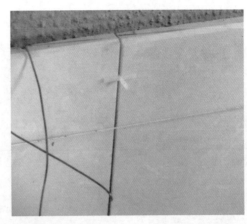

图 2-113　第二块玻化砖镶贴

9）重复上述方法步骤，镶贴第三块、第四块…玻化砖，当遇到插座等部位时，其镶贴方法同釉面墙砖的镶贴（图 2-114）；镶贴完一整排玻化砖后的效果如图 2-115 所示。

图 2-114　依次镶贴玻化砖　　　　　　图 2-115　依次镶贴完一整排玻化砖

10）接下来，大工需要重复上述 2）～ 6）的施工步骤，小工进行铜丝系挂施工，具体方法、步骤与效果如图 2-116 和图 2-117 所示。系挂施工完一整排，如图 2-118 所示。

11）进行第二排第一块玻化砖的镶贴、系挂，如图 2-119 所示。

12）镶贴第二排第二块玻化砖，如图 2-120 所示。施工方法参见 8）。

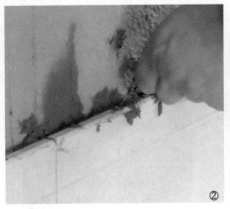

①在有铜丝的上方墙面，高出已贴玻化砖边缘 50mm 左右的位置，敲击打入预先准备的钢钉，预留 10mm 左右在墙外。

②将两根铜丝从不同方向绕结在外露的钢钉上，一定要用力紧固绕结。

①　　　　　　　　②

图 2-116　铜丝的系挂施工

③ 再次敲击钢钉完全进入墙面，进一步紧固铜丝直到符合质量要求。

④ 整理铜丝与钢钉的连接，直到符合质量要求，避免出现铜丝脱离现象。

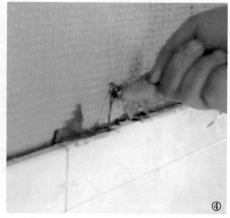

图 2-116　铜丝的系挂施工（续）

图 2-117　质量合格铜丝的系挂施工

图 2-118　铜丝系挂施工完成第一排

① 从阳角处开始铺贴，挑准用于该部位铺贴的玻化砖，预贴。

② 背抹黏结剂，靠贴上墙。

③ 用激光水平仪对正、压叠已贴玻化砖的侧边线，以此红外线光束为基准，调平在贴玻化砖，包括使用十字卡件，直到在贴玻化砖侧边与激光束对正。

④ 仔细边轻敲边目测和手触检平铺贴，直到符合质量要求。

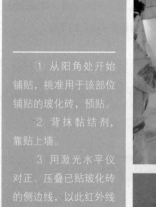

图 2-119　第二排第一块玻化砖的镶贴

①预贴、背抹黏结剂。

②边轻敲边目测、手触检平铺贴。

③十字卡件嵌缝调平铺贴。

④玻化砖铺贴完成，其黏结剂干至60%，且已点系挂施工完成后，才可以取下十字卡件。

图2-120　第二排第二块玻化砖的镶贴

13）采用第二块玻化砖的镶贴方法依次逐块镶贴第三块、第四块…玻化砖，直至镶贴完一整排；当遇到开关等部位时，其镶贴方法同釉面墙砖的镶贴，如图2-114所示。

14）按照10）所述，大工和小工各自进行后序工作，直至完成第二排已贴玻化砖的铜丝系挂。

15）采用上述施工方法与步骤，先后完成第三排、第四排玻化砖的镶贴和点系挂，直至镶贴、点系挂到设计高度，一定要注意登高点系挂的安全，如图2-121所示；点系挂完成后一整面墙的镶贴效果如图2-122所示。

图2-121　玻化砖点系挂镶贴至设计高度

16）镶贴后的缝隙及面层清理、嵌缝如图2-123所示。施工方法同釉面墙砖的缝隙及面层清理、嵌缝。

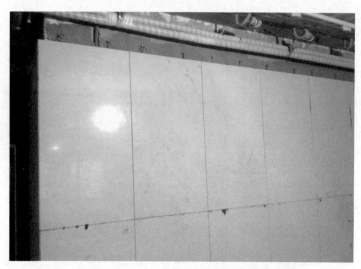

图 2-122　完成一整面墙的玻化砖点系挂镶贴

图 2-123　一整面墙点系挂镶贴后的缝隙及面层清理、嵌缝

17）重复 1）～ 16）所述操作，完成玻化砖在其他墙面上的点系挂、嵌缝等施工，直至完成所有任务，最终获得如图 2-124 所示的装饰效果。

图 2-124　所有墙面点系挂镶贴后的整体效果

二、马赛克镶贴施工

马赛克常作为一些局部的装饰镶贴，不同基层有着不同的安装方法，具体如下所述。

1. 水泥砂浆墙面马赛克镶贴方法

（1）施工准备 施工前，应认真识读施工图样，根据设计要求和施工的工作量，进行足量的料具准备。所需主要工具有 4mm 或 6mm 齿形刮板、海绵镘刀、海绵块、小灰铲、清洁布等，如图 2-125 所示。另外，还要准备水盆、清水等。

备足质优的马赛克，选用马赛克专用黏结剂。目前，市场上有不少品牌的专用黏结剂，如图 2-126 所示，宜选择粘贴和填缝二合一型。外包装上都注明施工方法，施工前一定要仔细阅读。

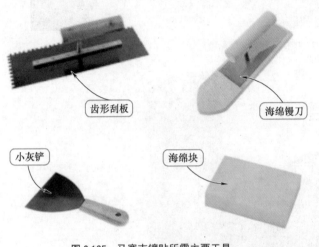

图 2-125 马赛克镶贴所需主要工具

图 2-126 马赛克专用黏结剂包装举例

（2）确定施工工艺流程 马赛克施工工艺一般分为两种。一种是正面贴在纸上拼成大块，另一种是背面贴在网上拼成大块，两者的镶贴方法不同。

1）背面贴在网上的马赛克。先要确定施工程序，接着要掌握每道工序的施工方法。

① 确定施工程序：挑选质优的马赛克→预铺→搅拌黏结剂→基层刮抹黏结剂→镶贴马赛克→拍板赶缝→填嵌缝隙→清洗→保养。

② 具体施工过程如下：

a. 确保镶贴基面清洁、平整。为保证镶贴后接缝平直，镶贴前逐张挑选马赛克，要求挑选出色泽均匀且无缺棱、掉角或尺寸偏差过大的产品备贴。

b. 预铺。安装前应按照施工图预铺，将三张马赛克在地面上并排铺开，使得张与张之间的灰缝与同一张里小粒马赛克间的灰缝相同。预铺时，如出现拼接的中间部分有缝隙，应将马赛克接头处两边的胶和纱网割掉清除，做到接头处缝隙正常协调为止。在墙面上画线来记下每一贴马赛克的准确位置，并在安装面上做出对应的辅助线或标记，确保能准确固定每一片马赛克的位置。镶贴面积较大时结合编号示意图拼接。确保马赛克与安装面现场实际尺寸协调。

c. 搅拌黏结剂。加水充分搅拌成浆糊状，如图 2-127 所示。

d. 基层刮抹黏结剂。用小灰铲将黏结剂涂到预贴墙面上，由于马赛克厚度小，涂抹的黏结剂厚度以 3～5mm 为宜，接着用 4mm 或 6mm 齿形刮刀在抹平的糊状黏结剂上刮出波浪条纹状，如图 2-128 所示。

e. 镶贴马赛克。马赛克贴前切勿泡水，把单片的马赛克按照图纸对齐缝隙，一端置于波浪条纹状黏结剂上，平稳贴铺直至整片马赛克贴上墙面，如图 2-129 所示。

墙面镶贴马赛克，原则上应从下往上镶贴，并且一次性不能镶贴太高，以防自重较大引起塌落。使用辅助支撑物使其紧贴墙面，具有一定初始强度后方能取下支撑物。

注意先放水到干净水盆中后倒入粉剂，水和粉的比例按施工说明确定；必要时，可根据天气、底材、施工条件等不同而做出调整；水粉充分、均匀搅拌直至成浆糊状，且完全无生粉为准；一次调配的胶浆量，根据天气条件控制在 2~3h 内使用完毕，不要多调，以免浪费，也不能将已干结的胶浆拌水再重复使用。

图 2-127　搅拌马赛克专用黏结剂

这样操作既能保证效果，又能避免材料浪费，要求保持温度介于 5 ~ 40℃之间。

图 2-128　基层刮抹马赛克专用黏结剂

每一贴马赛克固定之后，在开始放填缝剂前，砖与砖之间的间隙必须确定为统一的宽度，这样就要用小灰铲来调整灰缝；铺贴时还要注意两片之间的缝隙也要确保统一宽度。如遇某颗马赛克过高或过低，须拔下此颗粒，然后用减少或增加基层黏结剂厚度的方法进行找平铺贴。铺贴工序非常重要，铺贴不好将会影响整体效果。

图 2-129　镶贴马赛克上墙

　　在游泳池等水环境基层镶贴前，必须做好防水、防裂处理，并建议使用具有良好防水性能的专用黏结剂和填缝剂。

　　f. 拍板赶缝。每贴完一张马赛克后，要用海绵镘刀或专业胶板轻压马赛克表面，均匀用力，确保表面平整且吃浆均匀、黏结牢固，如图 2-130 所示。

　　g. 填缝。填嵌缝隙是马赛克镶贴后，为了追求美感装饰效果而进行的重要一步，具体方法如图 2-131 所示。

图 2-130 用海绵镘刀或专业胶板轻压马赛克表面、黏结上墙

铺贴大约 1h 后，黏结剂水分适度收干，马赛克与黏结剂连接具备一定强度后，用海绵镘刀将填缝剂填满缝隙；马赛克缝隙没有填满容易积聚尘埃，带来日后清洁困难。接缝处的最终凝结强度为 28d，在此期间应避免使用易脏物。填缝时，每次刮缝的面积不要超过 2m²。

图 2-131 填嵌缝隙

h. 清洗面层。如图 2-132 所示，清理完成后，洁净的面层才符合美感装饰效果的要求。

i. 保养。镶贴完毕，仿古马赛克可打上蜡水保养，以增强其色泽；抛光马赛克可喷涂保护剂，既增加光度又起到养护马赛克之功效；金属马赛克可能会出现氧化等现象，待最后清除即可。

待填缝剂填充完成后大约 1h，填缝剂基本干透（具体时间根据当时温度计算）；接着准备两个桶，一个装清洁剂，一个装干净水。首先在装清洁剂的桶内浸湿抹布，不用拧干，然后以打圈的方式擦拭马赛克表面；在第二个装有干净水的桶内浸湿海绵，再用海绵擦马赛克表面，擦去所有的残留物。最后，再用海绵或毛巾擦拭表面，直到干净为止。

图 2-132 清洗面层

2）正面贴在纸上的马赛克。首先确定施工程序，接着要掌握每道工序的施工方法。

① 确定施工程序：挑选质优的马赛克→预铺→搅拌黏结剂→马赛克背缝填浆→基层刮抹黏结剂→镶贴马赛克→拍板赶缝→湿纸揭撕→清洗→保养。

② 具体施工。

a. 挑选质优的马赛克→预铺→搅拌黏结剂,具体方法同背面贴在网上的马赛克。

b. 马赛克背缝填嵌缝剂,将整张马赛克纸面向下,放在干净的地面上或桌子上,用海绵或小铲刀将黏结剂填满所有砖缝,如图 2-133 所示。

c. 基层刮抹黏结剂,具体施工方法同背面贴在网上的马赛克。

d. 镶贴马赛克。将马赛克贴到涂布黏结剂的墙面上,纸面向外,具体施工方法可参见背面贴在网上的马赛克。

e. 湿纸揭撕。待到第二天,让黏结剂干透,用海绵或抹布蘸温水将马赛克表面的纸弄湿;待纸完全湿透后,轻轻揭起纸的一角,这时纸很容易整张揭下来,如图 2-134 所示。

f. 清洗面层。把纸揭下来后,用挤干水的海绵擦净马赛克表面,如图 2-135 所示。如发现有马赛克间缝隙未填满填缝剂,应及时填嵌,具体施工方法参见背面贴在网上的马赛克。如用的是防水灰浆,应随时擦去溢出的灰浆;若为标准灰浆,等干后用抹布擦掉。

g. 保养。具体方法同背面贴在网上的马赛克。

图 2-133　马赛克背缝填嵌缝剂　　　图 2-134　湿纸揭撕　　　图 2-135　清洗面层

2. 木板上马赛克的镶贴方法

1)清除木板上的各种污渍,保证木板干燥、清洁、平整。

2)在木板上均匀涂布聚醋酸乙烯乳液(白乳胶)。正常情况下,7～15min 后(根据气温而定),白乳胶即可处于半干状态,此时即可进行镶贴,镶贴方法同水泥砂浆墙面。

3)镶贴时,建议可用少许图钉,将马赛克钉在木板上以加固,并用海绵镘刀或专业胶板将马赛克轻轻拍实,等马赛克干透后即可取出图钉。

其他步骤与施工方法同水泥砂浆墙面的马赛克镶贴。

三、文化石的安装

文化石也常作为一些局部的装饰镶贴,不同基层不同材质的文化石有着不同的安装方法,具体如下。

1. 水泥砂浆墙面基层

(1)天然文化石　可以直接在基层上用素水泥浆(或掺入 901 胶水的素水泥浆)粘贴施工,也可以用云石胶镶贴。

(2)人造文化石　人造文化石除了可以使用上述天然文化石的施工方法外,还可以用玻璃胶胶粘的方法。

2. 木面基层

木面基层适合安装人造文化石,即先用 9 厘板或者 12 厘板打底,然后直接用玻璃胶胶粘即可。

完成所有镶贴任务后,清理工具,打扫干净施工现场,等待质量验收。

03 / 项目三
石膏板吊顶等现场木作施工

墙地砖镶贴施工完工后，就可以进行现场木作施工。早些年，现场木作施工是工作量最大的施工项目，诸如现场打制大衣柜、书桌、书柜、橱柜、夹板门、门窗套、电视柜、石膏板吊顶、一些个性的艺术造型，铺设木地板等。随着市场的发展，目前，现场木作施工的项目、工程量也越来越少，如大衣柜、书桌、书柜、橱柜、电视柜、门、门窗套等项目都可以厂家定制安装，木地板也由地板经销商负责铺设安装，但石膏板吊顶必须现场木作施工。另外，还有一些必须现场木作施工的个性设计以及业主不愿去厂家定制的现场木作施工。

工作过程一　现场木作施工前的准备工作

一、装饰公司的准备

1. 识读施工图

施工前，装饰公司项目经理需要了解现场木作施工的具体内容，并与设计师前期沟通，以便日后给木工师傅进行施工交底。规范的整套施工图纸中应包括总平面规划图、主要家具施工图等，如图 3-1 ～ 图 3-3 所示。

2. 辅料准备

项目经理根据读图后了解的施工内容、工程量，在木工进场施工前，结合施工现场的面积大小、现场木作的工程量、房屋的安全等因素，将适量的成品条木方（断面尺寸为 30mm×40mm）、马六甲或杉木板等装饰底板、石膏板、轻钢龙骨及其配件、聚醋酸乙烯乳液（白乳胶）等辅料备齐，如图 3-4 ～图 3-10 所示。另外，还要备足一些辅料：4 寸、2.5 寸、1.5 寸等不同规格的铁钉；F15、F20、F30 等不同规格的枪钉；6/12、6/15、6/18 等不同规格的蚊钉（图 3-11）；180 目、280 目、800 目等不同规格的砂纸；万能胶水等。

将上述辅料搬进施工现场，堆放在提早安排好的位置，如图 3-12 所示。

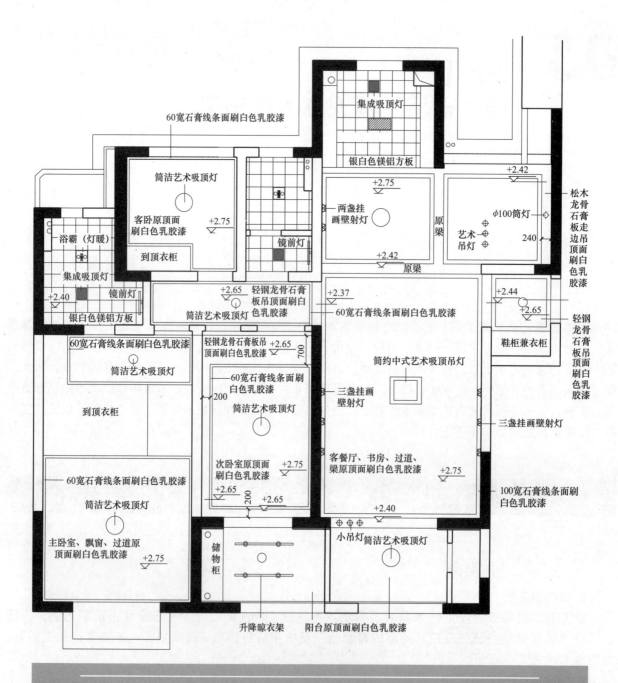

图 3-1 总平面规划尺寸、灯具、材料选用图

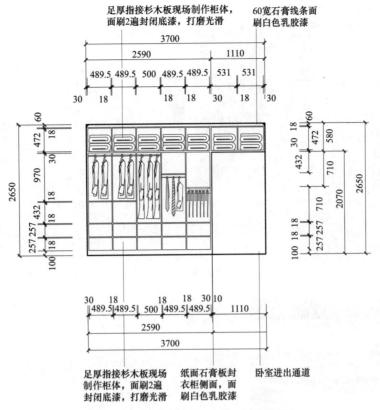

图 3-2　主卧衣柜体立面、尺寸、材料选用图

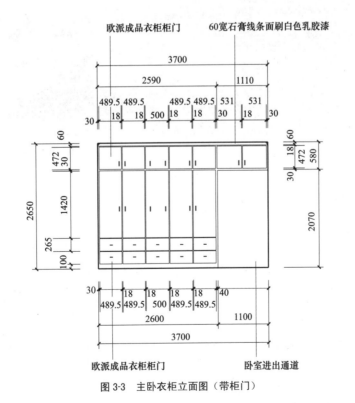

图 3-3　主卧衣柜立面图（带柜门）

3. 现场准备

上述准备完成后，项目经理再次检查工地现场是否符合现场木作施工的要求。

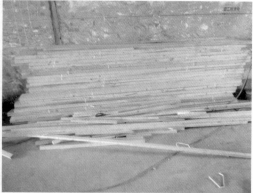

白松木制条木方，质轻直顺，用于吊顶龙骨，断面尺寸为 30mm × 40mm，常用长度为 2000mm、4000mm，有的成品条木方出场前就做好了防潮、防火处理，可直接使用。

图 3-4 不同长度的白松条木方

50 直卡式 U 型轻钢龙骨及其配件，在安装施工方面比传统的 D50（UC50）型轻钢龙骨方便快捷，常用规格为 50mm × 19mm × 3000mm。

图 3-5 50 直卡式 U 型轻钢龙骨

纸面石膏板是以建筑石膏为主要原料，掺入适量添加剂与纤维做板芯，以特制的板纸为护面，经加工制成的板材，具有重量轻、隔声、隔热、加工性能强、施工方法简便的特点。目前市场上整张纸面石膏板规格很多，常用的是 1200mm × 3000mm × 9.5mm。

图 3-6 纸面石膏板

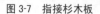

指接板，又名集成板，是将经过深加工处理的实木小块像"手指头"一样拼接而成的板材，木板间采用锯齿状接口，类似两手手指交叉对接，故得名。原木条之间是交叉结合的，这样的结合构造本身有一定的结合力，不用上下粘贴表面板，使用的胶量极少，环保级别高。常用于现场木作的衣柜柜体。常用规格为 1220mm × 2440mm × 18mm。

图 3-7 指接杉木板

六甲板，是一种现在比较流行的免漆细木工板，是用一种产自南洋地区的马六甲木材做的芯板，两面胶贴免漆三夹板，环保方面弱于指接杉木板。马六甲木材质地轻盈，属于速生木材，与江苏的泡桐差不多。平整度好，但马六甲木材松软，握钉力不太好，常用于现场木作的免漆衣柜柜体等。

图 3-8 马六甲木芯细木工板

细木工板（俗称大芯板）是具有实木板芯的胶合板，环保级别低，目前，装饰中常用作门、窗套等打底找平，常用规格为 1220mm × 2440mm × 18mm。

图 3-9　细木工板

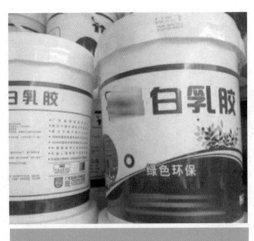

用于不同种类板材之间的黏结，塑料大桶装，产品包装注明施工说明等。

图 3-10　白乳胶

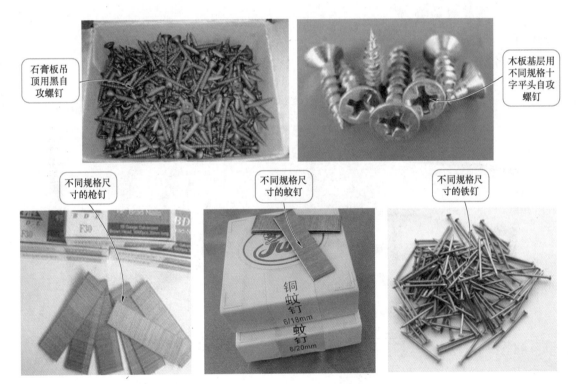

石膏板吊顶用黑自攻螺钉

木板基层用不同规格十字平头自攻螺钉

不同规格尺寸的枪钉

不同规格尺寸的蚊钉

不同规格尺寸的铁钉

图 3-11　不同品种、规格的钉

二、业主准备

1. 主材订购

为确保顺利施工和最终装饰效果，业主需提前与设计师一起去专业市场选购地板、橱柜、房门等主要材料，选定颜色、造型等。现场木作施工基本完成后，业主通知厂家到施工现场进行丈量，装饰公司应及时告知业主，业主要配合，以免由于定制时间拖延而延误工期。

进场后的木工板、石膏板等装饰板材要斜立靠在干燥墙边，斜靠角度适中，其他材料有序堆放在一起，也可根据空间大小，分散放置。

图 3-12　辅助材料有序堆放在施工现场

酒柜中等。

2. 家电订购

以前在制作橱柜柜体前，必须要知道排油烟机、煤气灶、冰箱的尺寸，否则施工完后无法恰当地安装这些必备的家用电器。目前，虽然橱柜公司可以定制橱柜，但还是有些家电需要提前订购；只有知道具体尺寸，才能在现场木作施工时预留空间，确保后续合适的安装施工。比如，家用保险箱常嵌入大衣柜内，电热小壁炉需要安装在餐厅

工作过程二　石膏板吊顶现场施工

一、工具、用具准备

1. 常用手工、电动工具

施工前各项准备完成后，装饰公司安排的木工会带上主要工具、用具来到施工现场。常用手工工具、用具如图 3-13 所示；常用电动工具、用具如图 3-14 所示。

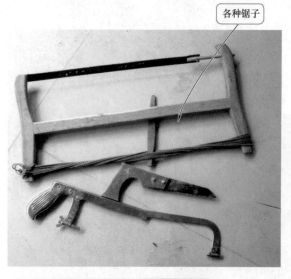

图 3-13　常用手工工具、用具

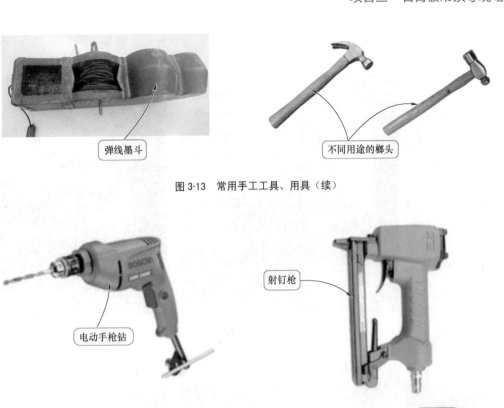

弹线墨斗

不同用途的榔头

图 3-13 常用手工工具、用具（续）

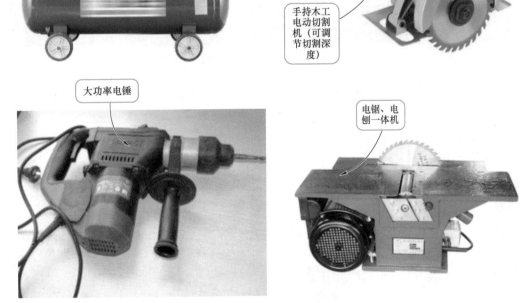

电动手枪钻

射钉枪

射钉枪用气泵

手持木工电动切割机（可调节切割深度）

大功率电锤

电锯、电刨一体机

图 3-14 常用电动工具、用具

2. 调试工具

为确保施工质量和进度，施工前应调试好工具，以免影响施工质量和施工进度。

（1）大型电锯、电刨一体机架设与调试备用 在施工现场的空旷位置（多在客厅）将大型电锯、电刨一体机架设平整、牢固，然后，调试至满足使用要求。由于大型电锯、电刨一体机功率大，极易对人体造成伤害，所以使用时一定要加倍小心，以确保施工安全，如图 3-15 所示。

① 架设稳固，按预裁板尺寸要求，安装裁割界靠物（现场用平滑原木方制作），用尺子丈量裁割界靠与锯齿轮的间距，并调整至符合裁割尺寸。

② 操作者在工地现场备捡一块小板，确保小板一边顺滑，将小木板的边靠平、靠紧裁割界靠的边。同时操作者双手紧握小木板的一角，均匀用力，边推边靠紧、靠平界靠物，边向前推进小木板进行裁割。操作者一定要集中注意力并时刻注意安全，当切割途中出现板夹锯而无法前行切割时，需要重新调整。

③ 旋松固定裁割界靠两端的紧固件，尺子再次丈量切割界靠物与锯轮的距离并调节至合适后，旋紧裁割界靠两端的紧固件。

④ 再试锯割。由于试锯的板材较小，为确保安全，切割到板尽头时，操作者应将双手从板上拿开，快速拿起预先准备好的一块板顶锯至完全锯割开，关掉启动开关，目测检验裁割板的平整度；如不平整应进行再次裁割调试，直至合适。

裁割界靠物

裁割界靠物紧固件

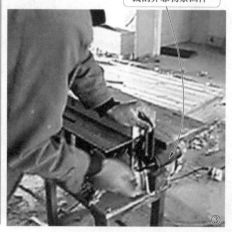

图 3-15　架设、调试大型电锯、电刨一体机

目前市场上的装饰板材常用规格为 1220mm×2440mm，小型工具无法满足整张板材的切割和刨削，大型电锯、电刨一体机则可以满足要求，大大提高工作效率，如图 3-16 所示。

大块板材切割需要两个工人配合，接通电源开启电锯开关；然后，两个工人抬起预切割板材靠近切割机；两人同时调整各自位置并对正电锯，确保预切割板材的一边能紧贴切割界靠物；对准切割后，一个工人均匀用力向前推板材，另一个工人架平切割后的板材，匀速后退，直至切割完成。

图 3-16　大块板材的裁割

（2）电动射钉枪调试备用　电动射钉枪内可以装入不同规格的枪钉、蚊钉，扣动扳机后将射钉射进板材中，连接紧固板材。枪内装枪钉，如图3-17所示；试射调试好后备用，如图3-18所示。

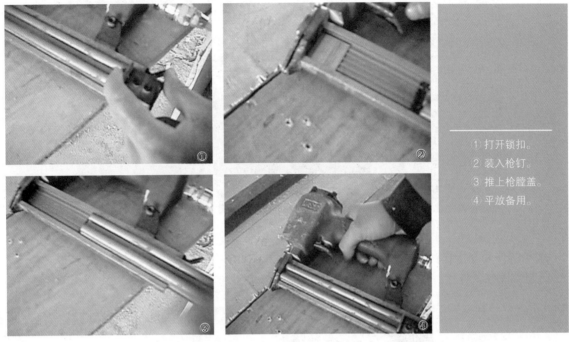

① 打开锁扣。
② 装入枪钉。
③ 推上枪膛盖。
④ 平放备用。

图 3-17　装枪钉入射钉枪内

连接专用气泵，找一小块废旧木板，扣动扳机，试射后检查射钉射入板材内的深度、气泵运行情况、输气管道及两端的连接头等是否符合施工要求。

图 3-18　试射调试

（3）手持木工电动切割机调试备用　手持木工电动切割机实际是一种可调节切割深度的电动锯子，如图3-19所示。调试切割好后备用，如图3-20所示。

另外，还需对大功率电锤和电动手枪钻进行调试备用。大功率电锤用于基层上膨胀螺栓等连接支点的钻孔，如装轻钢龙骨石膏板吊顶时，先钻孔，后植入膨胀螺栓或落叶松木楔来固定吊杆。电动手枪钻用于木板基层钻孔后螺钉拧固，也用于轻钢龙骨石膏吊顶时将黑自攻螺钉旋至轻钢龙骨上。分别接通两个工具的电源，启动开关，分别对墙体和废旧板材试钻，

手持木工电动切割机在木工板等板材锯割方面比手工锯子效率高，有别于瓦工使用的切割机。

图 3-19　调节切割深度

调试至满足施工要求；若出现故障，需要及时处理。

接通电源，找一小块废旧木工板，切割后检查情况并调试至满足施工要求。

图 3-20　切割调试

3. 现场制作简易操作台

现场制作简易操作台，如图 3-21 所示。

① 用条木方、细木工板等材料现场钉制简易操作台，放置在现场空旷地，方便后续板材划割、涂胶等施工；施工临近尾声时，可将简易操作台拆开，若拆除料还能满足施工要求，则可用于现场的其他木作施工。

② 由于电锯、电刨一体机自身重、运输困难、危险系数大，因此很多工人将手持电动切割机反转安装在工作台底面，锯盘露出工作台面。

①　②

图 3-21　现场制作简易操作台

二、石膏板吊顶施工

正常情况下，现场施工应先进行石膏板吊顶施工，然后再进行其他部位的木作施工。对于轻钢龙骨石膏板吊顶，虽然龙骨不会受潮变形，但是不方便做造型。而目前市场上方便做各种造型的木龙骨石膏板吊顶很多，以木龙骨石膏板走边吊顶尤为多见。经验表明，小面积局部石膏板吊顶或造型石膏板吊顶常选用木龙骨，大面平整石膏板吊顶常选用轻钢龙骨。

1. 木龙骨石膏板吊顶

木龙骨石膏板吊顶分木龙骨石膏板走边吊顶和复杂造型吊顶。

（1）木龙骨石膏板走边吊顶　设计师到施工现场，与项目经理一起，依据施工图给木工进行施工交底，告知施工内容、构造做法等。施工人员应严格执行"按图施工"的原则，仔细识读设计师绘制的施工图、构造详图，因为不同部位的吊顶设计其构造做法会有所不同。图 3-22 所示为木龙骨石膏板走边吊顶构造详图，若在识读过程中对施工图样有疑问，要和设计师沟通解决，直至确认无疑后，才可以按图施工。

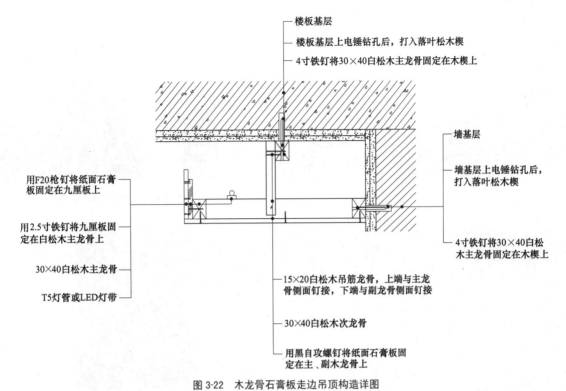

楼板基层

楼板基层上电锤钻孔后，打入落叶松木楔

4寸铁钉将30×40白松木主龙骨固定在木楔上

墙基层

墙基层上电锤钻孔后，打入落叶松木楔

用F20枪钉将纸面石膏板固定在九厘板上

用2.5寸铁钉将九厘板固定在白松木主龙骨上

30×40白松木主龙骨

T5灯管或LED灯带

4寸铁钉将30×40白松木主龙骨固定在木楔上

15×20白松木吊筋龙骨，上端与主龙骨侧面钉接，下端与副龙骨侧面钉接

30×40白松木次龙骨

用黑自攻螺钉将纸面石膏板固定在主、副木龙骨上

图3-22　木龙骨石膏板走边吊顶构造详图

木龙骨石膏板走边吊顶施工常按"定位、放线→吊点打孔、塞入木楔→挑选优质条木方→钉接沿边主龙骨→钉接吊点木龙骨→钉接吊杆、主次龙骨→安装石膏板"这几个工序进行施工，具体工艺逻辑如下：

1）定位放线。丈量尺寸，定位吊点位置，如图3-23所示；墨斗弹线，确定吊点定位线，如图3-24所示。

根据图样标注的吊顶宽度，以墙面和顶面的交界线为起点，用卷尺在顶面上丈量尺寸，找寻吊顶宽度的中线，分别定出两个点。

两个点之间用墨斗弹线，所弹墨线与墙面的距离就是吊顶宽度的中线，也是吊点所在的位置线。

图3-23　丈量尺寸，定位吊点位置　　　　图3-24　墨斗弹线，确定吊点定位线

2）吊点打孔、塞入木楔。确定吊点，电锤钻孔，如图3-25所示；钻孔内打入木楔，如图3-26所示。

3）挑选直顺、节疤少的优质条木方备用。

4）钉接沿边主龙骨，在墙面上标画钉位，如图3-27所示；钉接牢固沿边主龙骨，如图3-28所示。

5）钉接吊点木龙骨，如图3-29所示。

6）钉接吊杆和主、次龙骨，如图3-30所示。

沿已弹出的吊点定位线，用大功率电锤在顶面基层上钻孔，钻头大小一般为12mm×12mm，孔间距宜保持在300mm左右。钻孔时需要登高、仰面，所以，既要注意施工安全，又要保护眼睛以防灰尘落入。

图 3-25　确定吊点，电锤钻孔

落叶松木质结构紧，不易松动，预先准备好的木楔比电锤钻孔孔径大，必须用力将木楔打入钻孔，直至打不进为止，并将留在基层外的木楔敲掉至与基层平，同样注意施工安全。

图 3-26　钻孔内打入木楔

根据图样标注的吊顶高度，在墙面上，以已有施工水平线为准，顺墙向上丈量至吊顶设计标高，一面墙上丈量并标示两个等高点，沿两个点弹墨线，即吊顶高度水平标高线，其水平允许偏差±5mm。然后，沿线300mm间隔钻孔、打入木楔。最后，用铅笔从木楔所在位置处垂直标画出100mm左右的墨线，确保条木方遮盖木楔后准确找到钉位钉入木楔。

图 3-27　墙面上标画钉位

用铁钉将沿边主龙骨钉接在木楔上，直至将龙骨固定上墙，并调平。如果歪斜，后续钉接其上的木龙骨就会随之歪斜，所以要格外注意。

沿边主龙骨

图 3-28　钉接沿边主龙骨

吊点木龙骨　　沿边主龙骨

用铁钉将吊点用木龙骨钉牢在顶面，该龙骨的位置一定要钉好、调平。如果歪斜，整个木龙骨外框就会随之歪斜。用美固钉加固木龙骨。该木龙骨是承重面，要格外注意。

图 3-29　钉接吊点木龙骨

　　由于上述施工都是用枪钉钉接完成框架，因此在安装石膏板前，必须对主、次龙骨间的连接再次钉接牢固。框架完成后的效果如图 3-31 所示。

　　7）龙骨架上安装石膏板。原则上是先安装窄些的侧边立板，再安装宽些的底板。

　　① 龙骨架侧立面石膏板安装。

　　第一步：丈量侧立面高度尺寸，确保裁割后石膏板与顶面留有5mm左右的伸缩缝，按尺寸裁割断石膏板，并刨平石膏板裁割面，如图 3-32 所示。

　　第二步：用射钉枪将石膏板快速固定在木龙骨上，如图 3-33 所示；用黑自攻螺钉将石膏板紧固在木龙骨上，如图 3-34 所示。

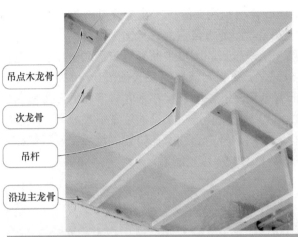

吊点木龙骨

次龙骨

吊杆

沿边主龙骨

检平、钉接次龙骨

调平后,射钉枪迅速钉固龙骨。

按设计宽度和300mm的设计间隔计算所需根数后截取条木方用作次龙骨,要确保切割断面平直、光滑;之后,将第一根条木方切割断面垂直靠紧沿边主龙骨,调整次龙骨,使其底面与沿边主龙骨底面平齐,快速用射钉枪将次龙骨紧固在沿边主龙骨上;接着,将预先准备好的木吊杆用射钉枪快速固定在次龙骨和吊点木龙骨上,并用水平仪检平次龙骨到合格,就完成了第一根次龙骨与吊杆、沿边主龙骨、吊点木龙骨的钉接;然后,逐根钉接次龙骨;最后钉接边缘主龙骨在次龙骨上。

图 3-30 钉接吊杆和主、次龙骨

吊杆

外边缘主龙骨

外边缘主龙骨与每根次龙骨间的再次钉接可用2.5寸铁钉,钉接时要格外小心以防破损已安装好的龙骨框架。

图 3-31 木龙骨框架钉接完成后的效果

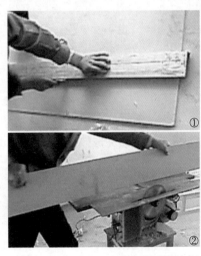

①

②

① 用美工刀按尺寸裁割石膏板。
② 在电刨上刨平石膏板裁割面。

图 3-32 侧立面石膏板备料

调整石膏板底边与外边缘主龙骨底面边线齐平后,用射钉枪快速将石膏板固定在外边缘主龙骨上。

图 3-33 射钉枪固定侧立面石膏板

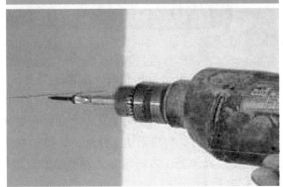

沿枪钉眼,用墨斗弹线,然后,用手枪钻将5mm×25mm或5mm×35mm十字沉头黑自攻螺钉旋进石膏板内,并确保黑自攻螺钉钉帽旋进石膏板面层内1mm,绝不能外露在石膏板面,钉距不大于150mm。

图 3-34 黑自攻螺钉再次紧固石膏板

重复上述步骤与方法，完成所有侧立面石膏板的安装。

②龙骨架底平面石膏板安装。龙骨架底平面上每块石膏板都需要经过"丈量尺寸→裁割石膏板→枪钉快速钉接→手枪钻旋钉黑自攻螺钉"几个步骤完成安装。石膏板自重大，且需人工登高、上举安装在木龙骨架底平面上，如果石膏板裁割块过大，就会增加上举施工的困难进而影响施工质量。工人应根据自身情况，每次裁割石膏板时尽量小些，每块石膏板间、石膏板与墙壁间都要预留5mm左右的伸缩缝。枪钉快速钉接在石膏板上的方法同龙骨架侧立面石膏板安装。由于钉接在木龙骨底面的石膏板面积较大，遮住了木龙骨，无法准确将黑自攻螺钉紧固在木龙骨上，尤其是次龙骨的位置很难找寻，所以铺设石膏板前，必须在紧挨木龙骨下方的墙面上用铅笔标画出次龙骨中心线所在位置，然后铺设石膏板并用枪钉迅速钉固；接着，墨斗弹线后沿弹线旋钉黑自攻螺钉，如图3-35所示。

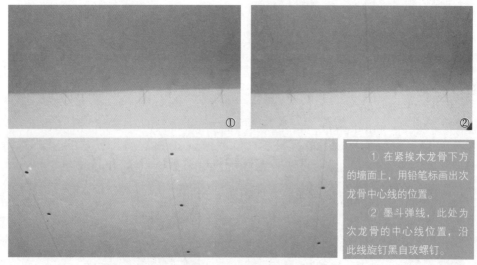

① 在紧挨木龙骨下方的墙面上，用铅笔标画出次龙骨中心线的位置。
② 墨斗弹线，此处为次龙骨的中心线位置，沿此线旋钉黑自攻螺钉。

图3-35 龙骨架底平面石膏板安装

木龙骨石膏板走边吊顶完成效果与接缝处局部放大效果如图3-36所示。

图3-36 木龙骨石膏板走边吊顶完成效果与接缝处局部放大效果

木龙骨上不允许吊挂灯具、设备等重物。目前，另一种木龙骨架设的施工方法在工地上也比较常见，有别于上述施工方法，如图3-37所示。

（2）木龙骨石膏板复杂吊顶 木龙骨石膏板复杂吊顶也是按"定位、放线→吊点打孔、塞入木楔→挑选优质条木方→钉接沿边主龙骨→钉接吊点木龙骨→钉接吊杆、主次龙骨→安装石膏板"这几个工序进行施工，具体施工方法与木龙骨石膏板走边吊顶基本相同，唯一的区别是弧形处理耗时，工艺复杂，如图3-38所示。

按吊顶设计宽度，先在顶面上钉接、调平两根吊杆木龙骨，一根位于墙顶拐角处，接着，在地面上等尺寸将主、次龙骨框架钉接，调平好，两人配合上举至吊顶高度并迅速用射钉枪连接固定预先准备好的木吊杆，调平后就完成了木龙骨框架的架设。

图 3-37 木龙骨框架架设的另一种常用施工方法

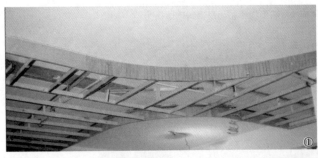

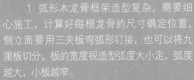

① 弧形木龙骨框架造型复杂，需要细心施工，计算好每根龙骨的尺寸确定位置，侧立面要用三夹板弯弧形钉接，也可以将九厘板切分，板的宽度视造型弧度大小定，弧度越大，小板越窄。

② 弧形造型铺设石膏板，不像走边吊顶，能在地面上准确裁割出所要尺寸。而弧形的弧度在地面上很难掌控，最好是将小块方形石膏板先钉接在木龙骨上，然后，沿造型的弧度机械切割。

图 3-38 木龙骨石膏板复杂吊顶

2. 轻钢龙骨石膏板吊顶

目前，装饰市场上常用 D50 型轻钢龙骨石膏板吊顶和 50 直卡式 U 形轻钢龙骨石膏板吊顶。D50 型轻钢龙骨石膏板吊顶是传统做法，50 直卡式 U 形轻钢龙骨石膏板吊顶是较为新颖的做法。

（1）D50 型轻钢龙骨石膏板吊顶 D50 型轻钢龙骨石膏板吊顶分轻钢龙骨石膏板平整面吊顶和复杂造型吊顶。

1）轻钢龙骨石膏板平整面吊顶。吊顶轻钢龙骨由承载龙骨（主龙骨）、覆面龙骨（辅龙骨）及各种配件组成。按承载能力分上人龙骨与不上人龙骨，按系列分为 D38（UC38）、D50（UC50）和 D60（UC60）三个系列。轻钢龙骨 D38 用于吊点间距为 900～1200mm 的不上人吊顶；D50 用于吊点间距为 900～1200mm 的上人吊顶；D60 用于吊点间距为 1500mm 的上人加重吊顶，能承受上人检修 80kg 集中荷载。

按设计要求，选用合适的 U 形龙骨系列，并根据实际平面尺寸备齐龙骨主件及其配件，了解其节点构造图，如图 3-39 和图 3-40 所示。

D50 型轻钢龙骨石膏板大面积吊顶施工常按"按设计吊顶标高弹画水平线→安装沿边龙骨→弹画主龙骨分档线→定位吊点、安装吊杆→安装主龙骨→安装副龙骨→安装纸面石膏板"这几个工序进行，具体如下：

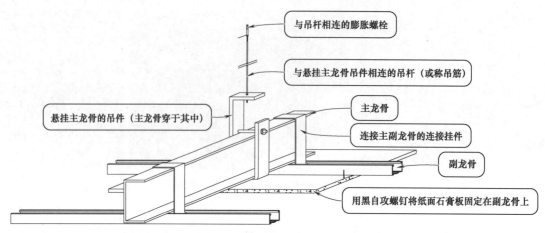

图 3-39　D50 型轻钢龙骨石膏板平整面吊顶构造透视图

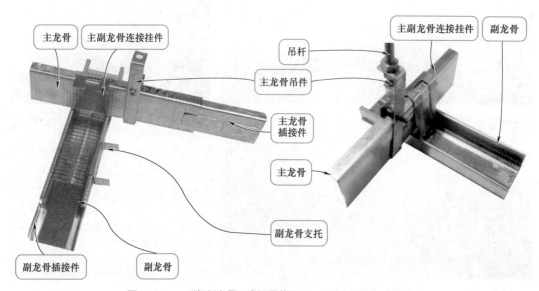

图 3-40　D50 型轻钢龙骨石膏板平整面吊顶连接实景局部透视图

① 按设计吊顶标高弹画水平线。具体步骤与方法同木龙骨石膏板吊顶墙面弹线，如图 3-27 所示。

② 安装沿边龙骨。沿边龙骨可以是配套的轻钢龙骨，也可以是木龙骨，配套的沿边轻钢龙骨安装如图 3-41 所示；沿边木龙骨安装如图 3-42 所示。

图 3-41　安装沿边轻钢龙骨

图 3-42　安装沿边木龙骨

③ 弹画主龙骨分档线，如图 3-43 所示。

根据造型确定主龙骨分档线间距。大面积平顶情况下，主龙骨间的间距不大于 1000mm，潮湿的地区和场所宜为 800mm。确定尺寸后在顶面墨斗弹画分档线。

图 3-43　弹画主龙骨分档线

④ 定位吊点、安装吊杆。目前市场上吊点、吊杆、吊件是连体的，安装施工如图 3-44 所示；安装后效果如图 3-45 所示。

⑤ 安装主龙骨。首先，按设计尺寸要求切割，如图 3-46 所示；然后，安装主龙骨，如图 3-47 所示；主龙骨安装后效果如图 3-48 所示。

根据造型，沿已弹画的主龙骨分档线，在主龙骨分档线上确定吊点位置。大面积平顶的主龙骨吊点间距为 1000~1200mm，靠墙边的吊点 300mm 左右为宜。然后，电锤在吊点定位上打孔，用 $\phi 8mm$ 以上膨胀螺栓固定。

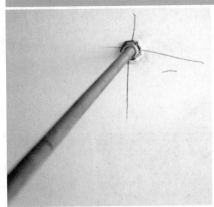

图 3-44　定位吊点、安装吊杆

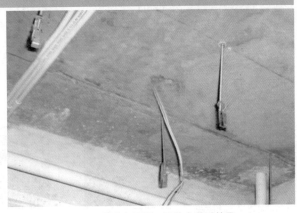

图 3-45　吊点、吊杆、吊件安装后效果

先丈量墙间尺寸，再用电动切割机按丈量尺寸等长切割轻钢龙骨。

图 3-46　电动切割主龙骨

将切割后的主龙骨套装入吊件后，装上螺钉拧紧。安装后的主龙骨，要用水平尺进行调平。

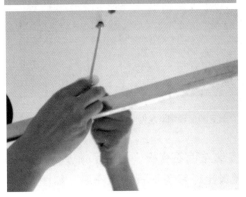

图 3-47　主龙骨安装、调平

⑥ 安装副龙骨，如图 3-49 所示。

当沿边龙骨为木龙骨时，连接施工如图 3-50 所示；当沿边龙骨为配套轻钢龙骨时，连接施工如图 3-51 所示；安装过程中，当副龙骨不够长时，需要用副龙骨接插连接件来延长副龙骨，直至符合施工质量要求，如图 3-52 所示。

重复上述步骤与方法，直至完成所有龙骨架的安装，如图 3-53 所示。

吊顶的起拱高度，应为房间短向跨度的 1%～8%。

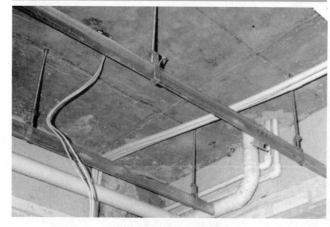

图 3-48　主龙骨安装后效果

副龙骨通过主副龙骨连接挂件吊挂在主龙骨上，一般间距为 300mm；各龙骨的排布应详细对照设计图样，避让灯具的开孔；泛光灯槽部分的龙骨应是整根龙骨的延伸，且无拼接。副龙骨底平面与沿边龙骨底边平齐。

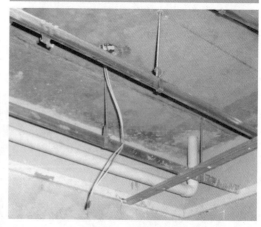

图 3-49　安装副龙骨

沿边木龙骨　副龙骨

将副龙骨与沿边木龙骨接头处劈分成 3 部分，与沿边龙骨用钉子固定连接。

图 3-50　轻钢副龙骨与沿边木龙骨连接

副龙骨　沿边龙骨　副龙骨　沿边龙骨

副龙骨与沿边龙骨用铆钉固定连接，每处不少于 2 颗铆钉。

图 3-51　轻钢副龙骨与沿边轻钢龙骨铆钉连接

⑦ 安装纸面石膏板。检查吊顶龙骨架的牢固性、稳定性等是否符合施工质量要求。安装纸面石膏板至副龙骨上，宜整张石膏板安装，如图 3-54 所示，也可按设计要求化整为零安装固定纸面石膏板，如图 3-55 所示。

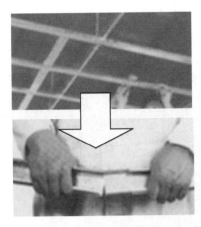

图 3-52 轻钢副龙骨架接插连接

图 3-53 轻钢龙骨骨架安装完成后的效果

重复上述施工步骤与方法，直至完成所有纸面石膏板的安装；安装过程中还要注意留有检修口，如图 3-56 所示。

先丈量好纸面石膏板预安装处的轻钢副龙骨间的中线距离；接着，将整张纸面石膏板平放在地面上，两个工人配合按丈量的尺寸在纸面石膏板上弹画墨线；最后两个工人合力将纸面石膏板上举，贴紧轻钢副龙骨，顶固、调正位置后，沿已弹墨线，用电动手枪钻将黑自攻螺钉旋紧固定石膏板至轻钢副龙骨上，因为枪钉无法钉进轻钢龙骨内。自攻螺钉钉帽旋进石膏板面层内1~2mm，钉距不大于 150~200mm。

图 3-54 轻钢龙骨架上安装整张纸面石膏板

图 3-55 轻钢龙骨架安装小块纸面石膏板

图 3-56 轻钢龙骨石膏板预留检修口

2）轻钢龙骨石膏板复杂造型吊顶。D50 型轻钢龙骨石膏板复杂造型吊顶施工的工艺顺序、施工方法与 D50 型轻钢龙骨石膏板平整面吊顶基本相同，区别在于，轻钢龙骨石膏板复杂造型吊顶是用细木工板与轻钢龙骨共同制作完成造型的，复杂造型处常用细木工板制作骨架，其他平整面用轻钢龙骨制作骨架。骨架完成后的效果如图 3-57 和图 3-58 所示。

图 3-57　D50 型轻钢龙骨石膏板复杂吊顶骨架效果一

图 3-58　D50 型轻钢龙骨石膏板复杂吊顶骨架效果二

（2）50 直卡式 U 形轻钢龙骨石膏板吊顶　按设计要求，根据实际平面尺寸备齐龙骨主件及配件，了解其构造图，如图 3-59 和图 3-60 所示。50 直卡式 U 形轻钢龙骨石膏板吊顶也分平整面吊顶和复杂造型吊顶，每种类型的吊顶都要遵循"按设计吊顶标高弹画水平线→安装沿边龙骨→弹画主龙骨分档线→定位吊点、安装吊杆→安装主龙骨→安装副龙骨→安装纸面石膏板"这几个工艺顺序进行施工。

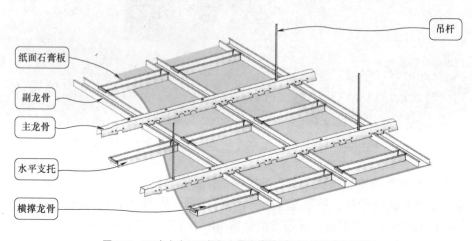

图 3-59　50 直卡式 U 形轻钢龙骨石膏板吊顶连接构造透视图

图 3-60　50 直卡式 U 形轻钢龙骨石膏板吊顶连接实景局部透视图

1）平整面吊顶施工过程按以下步骤进行。

① 按设计吊顶标高弹画水平线→安装沿边龙骨→弹画主龙骨分档线→定位吊点、安装吊杆，具体做法同 D50 型轻钢龙骨石膏板吊顶。

② 安装主龙骨。完成吊挂，如图 3-61 所示；调平固定，如图 3-62 所示；重复操作直至完成所有主龙骨的吊挂与调平固定。

旋开吊杆下端的螺帽，将主龙骨扣齿朝下插入吊杆，接着旋上螺帽完成主龙骨的吊挂。

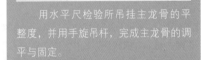

用水平尺检验所吊挂主龙骨的平整度，并用手旋吊杆，完成主龙骨的调平与固定。

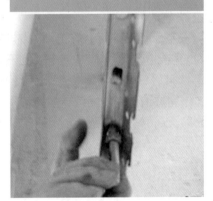

图 3-61　50 直卡式 U 形轻钢主龙骨吊挂　　　　图 3-62　50 直卡式 U 形轻钢主龙骨调平固定

③ 安装副龙骨，如图 3-63 所示；调平副龙骨，如图 3-64 所示。

若沿边龙骨为配套轻钢龙骨或木龙骨时，其各自连接施工及副龙骨接插连接件延长等施工方法同 D50 型轻钢龙骨石膏板吊顶。

重复上述步骤与方法，直至完成所有主、副龙骨等的安装。当平顶施工面积较大时，可以在副龙骨间安装横撑龙骨，增加石膏板的着力点，确保施工质量，如图 3-65 所示；轻钢副龙骨与沿边木龙骨连接且没有安装横撑龙骨，如图 3-66 所示。

丈量安装尺寸并切割副龙骨，然后将切割后的副龙骨卡入主龙骨。

图 3-63　安装、固定副龙骨

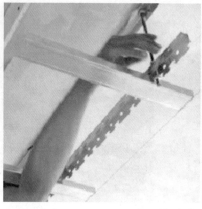

副龙骨安装后，水平尺检平并通过调整吊杆来完成副龙骨的调平。

图 3-64　调平副龙骨

图 3-65　轻钢副龙骨与沿边轻
钢龙骨铆钉连接（带横撑龙骨）

图 3-66　轻钢副龙骨与沿边
木龙骨连接（不带横撑龙骨）

④ 安装纸面石膏板。施工方法与步骤同 D50 型轻钢龙骨石膏板吊顶。

2）复杂造型吊顶。50 直卡式 U 形轻钢龙骨石膏板复杂造型吊顶施工的工艺顺序、施工方法与 50 直卡式 U 形轻钢龙骨石膏板平整面吊顶基本相同，区别在于复杂造型吊顶是用细木工板等与轻钢龙骨共同制作完成造型的，复杂造型处常用细木工板制作骨架，其他平整面用轻钢龙骨制作骨架。骨架完成后的效果及局部举例如图 3-67 和图 3-68 所示。

图 3-67　50 直卡式 U 形轻钢龙骨石膏板复杂吊顶骨架举例

图 3-68　50 直卡式 U 形轻钢龙骨石膏板复杂吊顶骨架局部举例

工作过程三　实木个性电视柜现场拼接施工与质量自检标准和方法

按正常的工艺逻辑，石膏板吊顶施工完成后，就可以进行其他木作施工了。若施工界面允许、施工人员较多且不影响石膏板吊顶施工，那么其他现场木作施工也可以与石膏板吊顶施工同时交叉进行，包括打制大衣柜柜体、门窗套及一些个性家具，但目前现场打制木作施工项目越来越少，唯有一些需要追求个性风格的家具需要按图现场打制，如杉木电视柜现场木作施工，具体施工如下所述。

一、设计师技术交底、项目经理施工标记

由于是个性家具设计，因此施工前，装饰公司的设计师必须到施工现场拿出施工图给项目经理和施工人员进行技术交底，确认施工的具体内容，直至项目经理和施工人员确认无疑，便准备按图施工。规范的整套施工图样中应包括家具三视图及透视图等详图，如图 3-69 所示。

二、杉木电视柜现场木作施工

杉木电视柜现场木作施工应按"备料→板面上标画钻孔标识→沿钻孔标识在板侧面钻孔→板件拼接→拼接后板面刨平→按设计尺寸锯除宽出的板材→锯除后板侧面刨平→按设计尺寸锯除长出的板材→用杉木方制作电视柜脚→砂磨成品电视柜"等多个工序进行，具体施工工艺如下所述。

1）备料。按电视柜台面厚 30mm、宽 550mm、长 2530mm 的设计要求，将选购来的干燥杉木放在大型电锯、电刨一体机（图 3-15 和图 3-16）上切割出所需块数，切割块数的总宽度应大于电视柜台面设计宽度。然后，刨平板材正反面、侧边面。

2）板面上标画钻孔标志。在切割、刨平后的杉木板上标画铅笔线作为钻孔标志，如图 3-70 所示；标画钻孔标志后的杉木板如图 3-71 所示；重复上述方法，直至完成所有杉木板材的平铺与标画钻孔标志，如图 3-72 所示。

3）沿钻孔标志在板侧面钻孔，如图 3-73 所示。

4）板件拼接。相邻两块杉木板侧面钻孔结束后，就可以进行两块板的拼接，如图 3-74 所示。

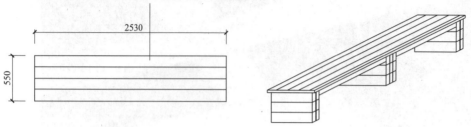

杉木方开30厚木板木隼连接成电视柜柜面，面刷哑光清漆

2530

550

杉木制电视柜平面图

杉木制电视柜透视图

杉木方开30厚木板木隼连接成电视柜柜面，面刷哑光清漆

杉木方开30厚木板木隼连接成电视柜柜面，面刷哑光清漆

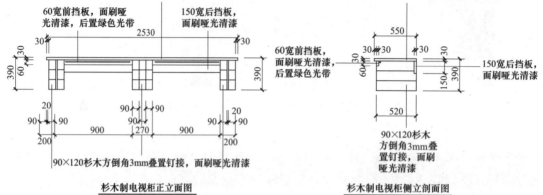

60宽前挡板，面刷哑光清漆，后置绿色光带

150宽后挡板，面刷哑光清漆

2530

30 30 30

390 60 30

390

90 90
90 90 90
20 20
90 90
200 900 270 900 200

90×120杉木方倒角3mm叠置钉接，面刷哑光清漆

杉木制电视柜正立面图

550

30 30 30 30
60 30
150 390

60宽前挡板，面刷哑光清漆，后置绿色光带

150宽后挡板，面刷哑光清漆

520

90×120杉木方倒角3mm叠置钉接，面刷哑光清漆

杉木制电视柜侧立剖面图

图 3-69　现场打制个性电视柜三视图、透视图

将切割下的杉木板材平铺、对齐摆放在平整地面上，拼铺摆放两块或三块板后即可用角尺、木工铅笔在板面上标画出钻孔标志。

图 3-70　杉木板上标画钻孔标志

位于中间的任何一块杉木板，其两侧的钻孔画线要错开。

图 3-71　标画钻孔标志后

每块板上的钻孔间距宜在400mm左右。

图 3-72　完成所有板材平铺，标画钻孔标志

图 3-73　沿钻孔标志钻孔

①　将已准备好的长约 90mm 的落叶松木楔（木楔长度应小于两个钻孔深度总和）依次打入一块板侧的钻孔内。

要求打入深度为木楔长度的一半左右。

②　在已打入木楔的板侧面及木楔上均匀涂上白乳胶（聚醋酸乙烯乳液）。

③　将已涂胶的板反转后对准另一块板侧面的钻孔，并调整到每个木楔与钻孔准确连接。

④　用小木块逐一、多次垫敲木楔处，即在第一个木楔处垫敲两下或三下，再在第二个木楔处垫敲两下或三下，接着，垫敲第三处、第四处……，直至所有木楔处垫敲完。

⑤　再回过来垫敲第一处，接着，第二处、第三处、第四处……，方法同上，直至两块板密实连接；千万不能在一个木楔处垫敲很多下直至一次性敲紧。

图 3-74　相邻两块杉木板的拼接

　　重复上述方法与步骤，一块板一块板地连接固定，如图 3-75 所示，直至完成最后一块板的敲击连接，如图 3-76 所示。

图 3-75　多块板件依次拼接

图 3-76　最后一块板件拼接后完成电视柜台面雏形

5）拼接后板面刨平，如图 3-77 所示。

①首先，将拼接好的电视柜台面平放在地面上，用手工木刨子试刨面层。

②然后，调节刨刀深度和平整度并再次试刨直到合适。最后，刨平整板面。

图 3-77　刨平拼接完成后的电视柜台面

6）按设计尺寸锯除宽出的板材，如图 3-78 所示。

　　由于拼接后电视柜的台面宽度要宽于设计宽度，因此在台面刨平后，必须切割掉宽出设计尺寸的木板，才能刨平侧面。

　　首先，将刨平后的电视柜台面平放在工作台上，在保证平稳放置的前提下，将预裁割边凸出工作平台；接着，按设计宽度在电视柜台面板上墨斗弹线，调整手持电动切割机的切割深度；最后，双手紧握电动切割机沿墨线切割，切割时要匀速、平稳，直至切割掉宽出设计尺寸的板材。

图 3-78　按设计尺寸锯除板宽方向上多余板材

7）锯除后板侧面刨平，如图 3-79 所示。

1 首先，将裁割完成后的电视柜台面板竖直立稳平放在平整干净的地面上，调整手工刨子至适合；然后，仔细刨削电视柜台面的侧面。

2 刨削板侧面至一定程度后，目测侧面的平整度、光滑度，若发现不符合要求，接着刨削，感觉差不多符合要求后，再目测、再刨削，直至符合质量要求。一个侧面刨削平整后，用同样的方法刨削另一个侧面。

图 3-79 手工刨平电视柜台面板侧面

8）按设计尺寸锯除长出的板材，如图 3-80 所示。

9）用杉木方制作电视柜脚。首先，制作柜脚构件，如图 3-81 所示。接着，制作柜脚并使其与台面连接，如图 3-82 所示。

10）砂磨成品电视柜，如图 3-83 所示；电视柜油漆后得到如图 3-84 所示的效果。

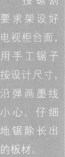

按锯割要求架设好电视柜台面，用手工锯子按设计尺寸，沿弹画墨线小心、仔细地锯除长出的板材。

图 3-80 按设计尺寸锯除长出的板材

根据设计尺寸，将杉木方切割、刨削平整至电视柜脚所需构件。

图 3-81 用杉木方制作电视柜脚构件

制作足量的构件后，将电视柜脚构件钉接起来，要求涂抹白乳胶后用2.5寸铁钉钉接；然后，将钉接好的柜脚与电视柜台面板连接，要求涂抹白乳胶后用4寸铁钉钉接，直至完成电视柜的制作。

图 3-82 柜脚与板面连接制成电视柜

用180目砂纸打磨成品的电视柜台面等，使其表面较为光滑。

图 3-83 砂磨成品电视柜

图 3-84　油漆后的打制电视柜

三、质量自检标准和方法

国家与省验收标准中没有明确规定如何验收现场打制的个性家具，但可以参照橱柜的验收标准，造型、结构和安装位置必须符合设计要求，表面应砂磨光滑，无毛刺或锤痕，连接、安装牢固，金属配件表面处理良好且无锈边、毛刺，表面平整度、拐角的垂直方正度等符合质量要求。上述检验项目可以用目测和工具来验收。

工作过程四　石膏板个性墙面造型现场制作

石膏板墙面造型主要体现在电视背景上，为了追求个性设计，也可以尝试用石膏板来制作艺术门套，具体施工如下所述。

一、设计师技术交底、项目经理施工标记

由于是个性立面造型设计，因此施工前，设计师必须到施工现场进行技术交底，指导施工甚至亲自放样，严格按图施工。石膏板艺术门套造型部分图样实例如图 3-85 ~ 图 3-87 所示。

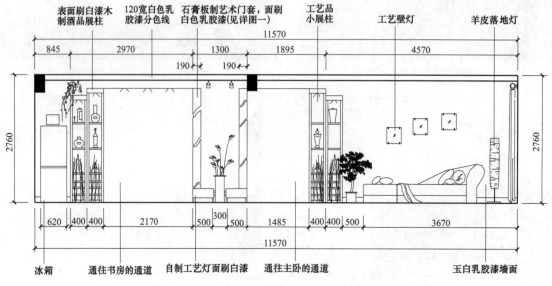

图 3-85　客厅、餐厅、过道东立面图（常州文亨花园）

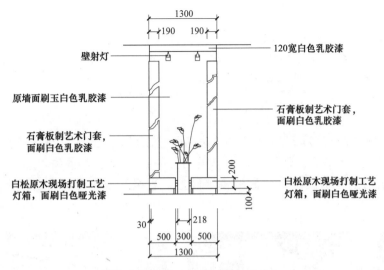

图 3-86 某石膏板艺术门套施工图详图一

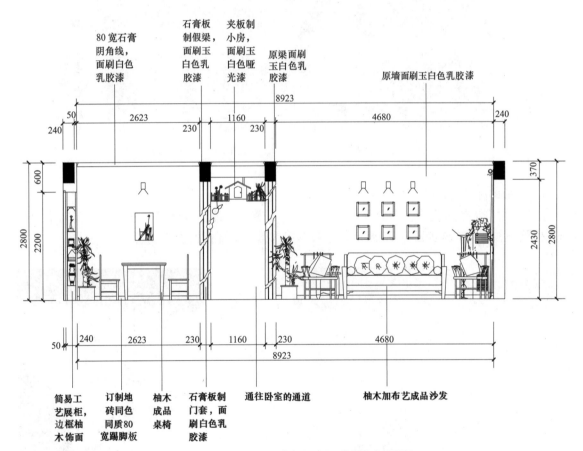

图 3-87 客厅、餐厅、过道东立面图（常州世茂香槟湖）

二、石膏板艺术门套现场施工

目前，套装门套是家居和公共装修中的常规门套，在工厂中定制，然后到施工现场安装。如果门洞基层不平整或门洞过大，可以先用质量好的细木工板制作门框，然后再进行安装。石膏板艺术门套就是将常规的实木门套线换为石膏板艺术造型，其施工应按"门立框备料→门立框制作→门立框板的检验与调平→石膏板造型备料、放样→安装造型石膏板"五个工序进行施工。

1. 门立框备料

用于制作门套的门立框板常用细木工板，需要从整张或较大张细木工板材上裁割下来。首先，丈量门洞基层墙体的厚度、高度，调试大型电锯以备切割，详细操作如图 3-15 所示。接着，两个人协作裁割，详细操作如图 3-16 所示，直至裁割完所需数量，要求裁割的门立框板材尺寸要稍大于实际丈量的门洞基层尺寸。

2. 门立框制作

裁割后的门立框板按门洞净尺寸进行再次裁割，然后用手工刨子刨平裁割处，如图 3-88 所示；接着，按图 3-25 和图 3-26 所示方法用电锤钻孔并在孔内打入预先准备好的落叶松木楔；最后，用 2.5 寸铁钉将门立框板固定在门洞的侧墙面上，直至完成所有的门立框板材制作，如图 3-89 所示。

图 3-88　手工刨平门立框板

图 3-89　门立框板初步制作完成

3. 门立框板的检验与调平

1）检验门立框板的垂直度。门立框板是否垂直、平整，是能否确保高质量完成门套制作的一个重要指标，检验与校正的方法如图 3-90 所示；也可以使用激光水平仪检验与校正。

① 首先，用自制的检验垂直度铝合金靠尺（铅锤与长 1.5m 左右、宽 80mm 左右的铝合金门框料结合）靠检门套板。

② 铅锤与长 1.5m 左右、宽 80mm 左右的铝合金门框料结合自制铝合金靠尺。

③ 接着，操作者调靠铝合金靠尺，使其上的铅锤垂直以检验出门套板垂直度的误差值。

④ 铅锤与长 1.5m 左右、宽 80mm 左右的铝合金门框料结合自制铝合金靠尺。

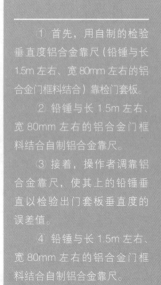

图 3-90　检验门立框板的垂直度

2）调平门立框板的垂直度，如图 3-91 所示。

原墙　　细木工板制门立框　　　　　原墙　　细木工板制门立框

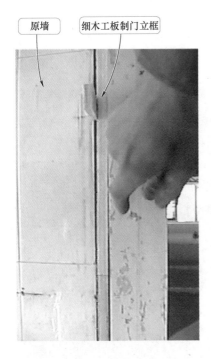 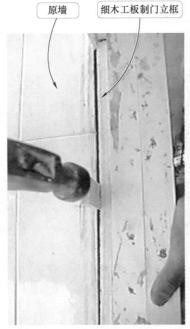

铅锤与长 1.5m 左右、宽 80mm 左右的铝合金门框料结合自制铝合金靠尺。

该过程需要两人配合。一人双手扶住铝合金靠尺并确保其垂直，指出垂直误差处；另一人将楔形木楔从门套板侧面打入有误差的地方，直至垫起该处门框板与垂直的铝合金靠尺密缝；接着用同样的方法，塞垫起不垂直的门套板，直至完成所有任务。

图 3-91　调平门立框板的垂直度

4. 石膏板造型备料、放样

在石膏板上弹画裁割线，如图 3-92 所示；接着，用美工刀沿线裁割石膏板，修刨平整，详细操作如图 3-32 所示；放样、裁割、修整石膏板，如图 3-93 所示。

将整张纸面石膏板（也可以是足尺寸的小块石膏板）平放在干净、平整的地面上，按石膏板艺术造型的设计宽度在该石膏板面上弹画出裁割线。

图 3-92　在石膏板上弹画裁割线

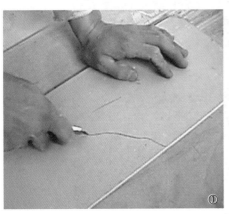 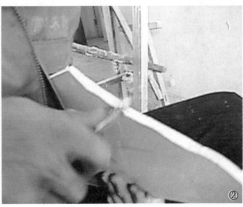

① 设计师在裁割下的石膏板上铅笔放样，工人用美工刀沿放样线裁割。
② 用美工刀修整裁割下来的石膏板艺术造型块，后标号备用。

图 3-93　放样、裁割、修整石膏板

5. 安装造型石膏板

1）墙面弹线，如图 3-94 所示。

2）造型板贴墙描画出造型轮廓线，如图 3-95 所示。

3）电锤钻孔、打入木楔，如图 3-96 所示。

两人合作，在墙面上弹画出电锤钻孔基准线，该线离门套板的距离要小于石膏造型板的宽度。

图 3-94　墙面弹画钻孔线

将修整符合质量要求的石膏板造型放在预设处，调正位置并用铅笔沿其造型边在预设处墙面描画出造型线。

图 3-95　造型板贴墙描画出造型轮廓线

①

②

③

① 用电锤在造型块预设范围内沿着已弹画出的钻孔基准线进行钻孔，钻孔数量及位置根据造型块的大小来定。

② 将木楔依次完全打入钻孔，确保与墙面持平。

③ 用铅笔在打入的木楔中心点向外画出钉接施工线。

图 3-96　电锤钻孔、打入木楔

4）检查射钉枪内是否还有枪钉；如果没有，可按如图 3-17 所示的方法重新装入。

5）抹胶、钉接造型石膏板，如图 3-97 所示。

重复上述施工步骤与方法，完成第二块石膏板艺术造型块的施工，如图 3-98 所示，直至完成所有任务。

① 用小棕毛刷蘸足白乳胶，在石膏板造型块背面均匀涂布。

② 左手拿着石膏板块放在墙上预设处并调正位置，右手用射钉枪将石膏板块钉接上墙，将石膏板钉接在门套板侧面。

③ 将石膏板钉接在打入的木楔上，要求找准射钉点。

图 3-97　抹胶、钉接造型石膏板

图 3-98　第二块石膏板艺术造型块的施工

石膏板艺术门套乳胶漆施工、软装配饰后的效果如图 3-99 所示。

图 3-99　艺术石膏板门套软装配饰后的效果

04 / 项目四
室内墙、顶面乳胶漆刷涂施工

工作过程一　刷涂施工前的料具准备

　　前序工作完成后，正常情况下，施工人员会边识读图样边听设计师进行技术交底，以便准确知道乳胶漆的施涂范围、遍数、用料和面积，其中包括不同基层乳胶漆施涂构造图。构造图识读时，文字自上向下读表示构造图的自左向右，如图4-1和图4-2所示。接下来，进行料具准备。

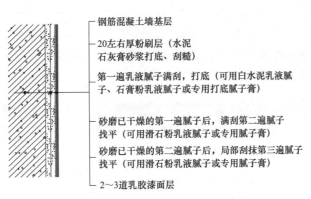

　　钢筋混凝土墙基层

　　20左右厚粉刷层（水泥石灰膏砂浆打底、刮糙）

　　第一遍乳液腻子满刮，打底（可用白水泥乳液腻子、石膏粉乳液腻子或专用打底腻子膏）

　　砂磨已干燥的第一遍腻子后，满刮第二遍腻子找平（可用滑石粉乳液腻子或专用腻子膏）

　　砂磨已干燥的第二遍腻子后，局部刮抹第三遍腻子找平（可用滑石粉乳液腻子或专用腻子膏）

　　2～3道乳胶漆面层

图 4-1　钢筋混凝土墙基层乳胶漆施涂构造图

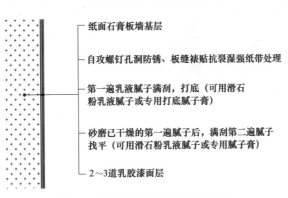

　　纸面石膏板墙基层

　　自攻螺钉孔洞防锈、板缝裱贴抗裂湿强纸带处理

　　第一遍乳液腻子满刮，打底（可用滑石粉乳液腻子或专用打底腻子膏）

　　砂磨已干燥的第一遍腻子后，满刮第二遍腻子找平（可用滑石粉乳液腻子或专用腻子膏）

　　2～3道乳胶漆面层

图 4-2　石膏板基层乳胶漆施涂构造图

一、刷涂施工用主料、辅料

1. 主料（乳胶漆）

合成树脂乳液内墙涂料称为乳胶漆，乳胶漆主要有聚醋酸乙烯乳胶漆、乙 - 丙乳胶漆、苯丙 - 环氧乳胶漆、丙烯酸酯乳胶漆等几个品种。常用塑料或镀锌铁皮桶密封包装，如图 4-3 所示。

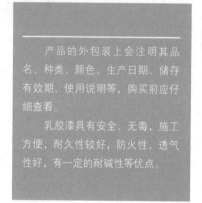

产品的外包装上会注明其品名、种类、颜色、生产日期、储存有效期、使用说明等，购买前应仔细查看。

乳胶漆具有安全、无毒，施工方便，耐久性较好，防火性、透气性好，有一定的耐碱性等优点。

图 4-3　乳胶漆外包装

乳胶漆在 0℃以下严禁施工，5℃以下、雨天、高湿度及大风天气不要施工，一般在 5℃以上才能施工。最佳施工气候条件为：气温 15 ~ 25℃，空气相对湿度 50% ~ 75%。严格来讲，底层、面层乳胶漆宜采用同一种类型配套使用，才可以获得较好的涂层和装饰效果。所以选购乳胶漆时，要求购买足量，且不能与聚氨酯等强溶剂涂料同时、同地施工，以防止乳胶漆变黄。

2. 辅助材料

（1）腻子用料　目前，市场上有成品腻子粉料和现场配制的传统腻子用料。

成品腻子粉料的主要成分包括碳酸钙（大白粉、老粉）、滑石（滑石粉）、聚合物和添加剂，如图 4-4 所示。其实，成品腻子粉料就是将传统腻子用料在工厂中按一定配合比混合而成，施工现场只需按照包装上注明的施工说明加水操作即可，施工性能优异，但成本高于现场配制的腻子用料。因此，就目前装饰装修市场来看，选用现场配制的传统腻子用料的客户占大多数。

产品的外包装上会注明其品名、生产日期、储存要求、有效期等，购买前应仔细查看。

使用前，要仔细阅读施工说明。

抗粉化刮墙腻子　　　抗裂粉刷/抹灰石膏

图 4-4　成品腻子粉料外包装

现场配制的腻子用料包括各种粉料、黏结剂、羧甲基纤维素。

1）粉料。粉料包括重质碳酸钙（大白粉、老粉）、硅酸镁（滑石粉）、硫酸钙（石膏粉）、32.5 级普通硅酸盐白水泥。粉料通常是白色微细粉料，分天然石材加工磨细和人工制造两类。

　　根据基层施工要求的不同，通常采用以下两种配料方法调制滑石粉乳液腻子，一种是老粉、滑石粉、少量 32.5 级普通硅酸盐白水泥，另一种是滑石粉、少量 32.5 级普通硅酸盐白水泥、少量石膏粉。调制好的滑石粉乳液腻子可用来刮抹大面积基层，该基层适用于刷涂一般乳胶漆。单独选择 32.5 级普通硅酸盐白水泥调制成白水泥乳液腻子，用来基层打底（即在大面积基层面上满刮第一遍腻子），适用于刷涂高档和彩色乳胶漆。单独选择石膏粉调制成石膏粉乳液腻子，用来嵌缝和塑造直顺的阴阳角。

　　① 老粉、滑石粉，如图 4-5 所示，常用塑料编织袋密封包装。由于滑石粉耐水、耐磨性优于老粉，所以，目前较高质量的装饰装修施工多选用滑石粉。

不溶于水，但见水易吸潮，呈微碱性，用于无光漆、调和漆、腻子、底漆中。

有消光和防止颜料沉淀作用，能增加漆膜耐水、耐磨性，用于底漆、腻子中。

图 4-5　老粉、滑石粉外包装

　　② 石膏粉，如图 4-6 所示，市场上有偏白与偏灰两种。尽量选择偏白的石膏粉，以便更好地满足施工的质量要求，节省乳胶漆。存放时尤其要注意防潮、防湿，以免石膏粉硬结而失去功效。

　　③ 白水泥，如图 4-7 所示。市场上有一种颜色微黄的 32.5 级普通硅酸盐白水泥，是纯水泥；还有一种是装饰白水泥，是在 32.5 级普通硅酸盐白水泥中掺入适量老粉的白水泥，颜色比较白。用白水泥乳液腻子打底可以提高腻子层的牢固性并有效阻隔砖墙的毛细水，从而提高面层质量和使用寿命；装饰白水泥主要适用于墙地砖嵌缝。

吸水量较大，但少量用于底漆，主要用于塑形腻子中，如刮抹顶面、阴角、阳角等。

产品的外包装上会注明品名、生产日期、储存要求、有效期等，购买前应仔细查看。

常用塑料编织袋密封包装。

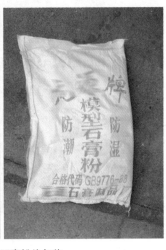

选购前要仔细阅读产品外包装上的质量、储存要求、有效期等。

选购时要分清是何种水泥。

常用牛皮纸袋密封包装。

图 4-6　石膏粉外包装　　　　　　　　　图 4-7　白水泥外包装

　　选购以上粉料时，可以用手按一按粉料包装袋，若感觉袋下粉料松散，即为新出厂的合格产品，可放心购买；反之则不能选用。

2）黏结剂。我国于 1972 年开始普遍使用 107 胶，由于其甲醛含量较高，施工中刺激性气味强，后出现 801 胶、901 胶水；近些年，这些黏结剂逐渐被 901 环保型（无甲醛）胶取代。市场上黏结剂的品种很多，选购时尽量选购注明无甲醛环保的 901 胶。901 胶常用塑料桶密封包装，如图 4-8 所示。

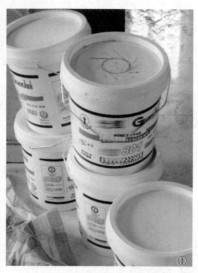

① 工地上常会选用 901 胶，要注意选择新出厂的、无甲醛环保型的，一定要确保桶盖密封，否则极容易变质发臭。

② 打开桶盖，901 胶为无色透明胶状液体。

③ 901 胶是以聚乙烯醇为主要成分，再经多种助剂合成的环保建筑胶水。它性能优良、用途广泛、初黏性好、黏强度高。其胶膜透明、柔韧、耐老化好、耐水性较好，在耐酸、耐碱、耐油、耐有机溶剂（包括苯、甲苯）方面效果也非常好。它以水为溶剂，不燃、不爆、安全无危险，达到国家 E1 标准，无毒无害。

图 4-8　901 胶及其外包装

聚醋酸乙烯乳液，又称白乳胶，如图 4-9 所示。掺入少量白乳胶搅拌配制的滑石粉乳液腻子，不仅可以增加腻子层的防水性、耐久性、黏结性，还可以增强腻子层的平整度，更能增加腻子刮抹的顺滑度，利于刮抹施工，有效降低劳动强度，提高劳动效率。

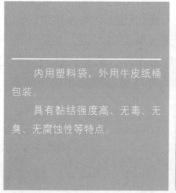

内用塑料袋，外用牛皮纸桶包装。

具有黏结强度高、无毒、无臭、无腐蚀性等特点。

图 4-9　聚醋酸乙烯乳液及其外包装

选择白乳胶时，要选择正规厂家近期生产的产品，才有质量保证。

3）羧甲基纤维素，又称化学浆糊，如图 4-10 所示。必须用一定比例的清水浸泡羧甲基纤维素配制成水溶液，隔夜即可使用。用羧甲基纤维素水溶液配制腻子，可以有效提高粉料的黏结度，减少甚至避免由于腻子层干燥收缩而产生的细小裂纹。

选择羧甲基纤维素时，要选择正规厂家近期生产的产品，才有质量保证，并注意检查小袋的密封情况。

（2）绷缝及其他用料　绷缝及其他用料包括嵌缝带、美纹纸等。

1）嵌缝带是乳胶漆施工时重要的辅料之一，是一种裱贴于板与板之间缝隙上的绷缝材料，作用是防止施工后面层出现缝隙而影响美观。嵌缝带有玻璃纤维网格布嵌缝带、穿孔牛皮纸带、抗裂湿强接缝纸带等类型，如图 4-11 所示。抗裂湿强接缝纸带、玻璃纤维网格布嵌缝带的抗张拉、抗湿裂性能优于穿孔牛皮纸带，因此逐渐取代了穿孔牛皮纸带。

① 工地上会使用很多羧甲基纤维素，大袋内密封包装了许多小袋。

② 小塑料袋密封包装，袋上印有施工说明等，施工前应仔细查看。

③ 白色絮状物，无毒、无味、永不霉变、湿度小、涨性大、黏力强、有效成分高。

图 4-10　羧甲基纤维素及其包装

① 抗裂湿强接缝纸带 52mm 宽有 150m/ 卷和 75m/ 卷；50mm 宽有 60m/ 卷。

② 玻璃纤维网格布嵌缝带。

③ 穿孔牛皮纸带。

图 4-11　不同类型的嵌缝带

　　选择抗裂湿强接缝纸带时，要注意购买正规厂家生产且塑料包装薄膜密闭的产品。

　　2）美纹纸是一种卷状带背胶的皱纹纸带，是乳胶漆施工时必不可少的辅料之一。在木制件上封底漆施工后、基层面上腻子施工前，将美纹纸贴在木制件（如踢脚板、门窗套线等）与墙面交界部位及五金门锁上，以防刮抹腻子、涂刷乳胶漆时污损门窗套线、五金门锁。乳胶漆施工完即可揭除踢脚板等部位的美纹纸，被裱贴部位则不会留有污痕，且不影响其下道工序（油漆施工）。目前，市场在售美纹纸纸带的宽度有 20mm 和 30mm 两种规格，白色和绿色居多，如图 4-12 所示。

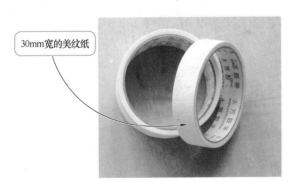
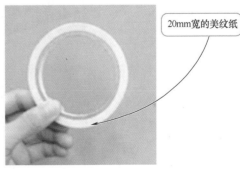

30mm宽的美纹纸

20mm宽的美纹纸

图 4-12　不同规格的美纹纸

美纹纸的宽度要根据被裱贴物的宽度来确定，正常情况下多选用宽20mm的美纹纸；颜色要根据施工对象的颜色来确定，如白色腻子、白色乳胶漆墙面，要选择绿色美纹纸裱贴在踢脚板、门窗套线上才比较显眼，利于施工。若选择的美纹纸与施工对象是相同的白色，则不利于施工。

二、刷涂施工用工具、机具及其用具

刷涂施工用工具、机具及其用具，分搅拌、刮抹、砂磨腻子用和刷涂乳胶漆用工具、机具及其用具。

1. 搅拌、刮抹、砂磨腻子用工具、机具及其用具

（1）电动搅拌器 电动搅拌器是搅拌腻子用的机具，其外观及组成如图4-13所示。传统的人工搅拌腻子劳动效率低，而且会由于搅拌不够均匀而出现粉料疙瘩，影响墙面刮腻子施工。使用电动搅拌器搅拌腻子又快又能搅拌均匀。

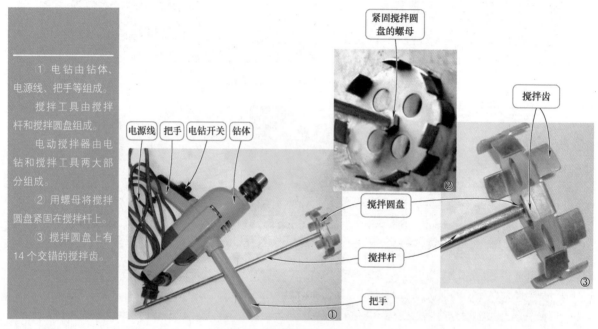

图4-13 电动搅拌器外观及组成

电动搅拌器是用其高速旋转的电钻带动搅拌圆盘快速旋转，随即将它插入需要搅拌的腻子材料中，犬牙交错的搅拌齿就会对腻子材料进行充分搅拌，直至形成均匀的厚质糊状腻子。

工地上也常有自制的电动搅拌器，主要区别在搅拌圆盘上，如图4-14所示。选用质量合格的电动搅拌器，才能保证施工时的人身安全。

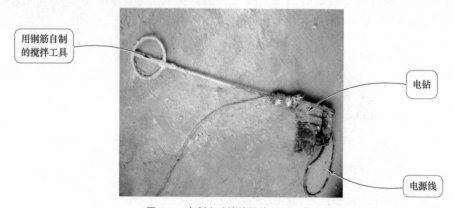

图4-14 自制电动搅拌器外观及组成

（2）铲刀、钢抹子、塑料刮板等　铲刀、钢抹子、塑料刮板等是刮抹腻子的必备工具，其外观如图 4-15 所示。铲刀除嵌抹被涂物面上的孔洞、缝隙外，在刮抹墙面腻子时，常与钢抹子、塑料刮板配合使用，以提高工作效率。铲刀与钢抹子配合使用，多用于石膏粉乳液腻子的细部刮嵌施工，如刮嵌石膏板缝或阴、阳角等细微处，可使缝隙平整、阴阳角顺直；铲刀与塑料刮板配合使用，多用于大面积墙面腻子的刮抹施工。

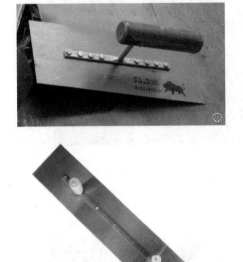

① 钢抹子由木制手柄及长方形薄钢片制作而成，其手柄造型与铲刀不同。

② 双手柄钢抹子，大面积墙面使用方便快捷，长度有 45cm 和 60cm 两种。

③ 铲刀由木制手柄及三角形薄钢片制作而成，薄钢片宽度为 20 ~ 100mm 不等。

④ 塑料刮板由硬塑料制成，施工时多选宽度为 180mm。

图 4-15　铲刀、钢抹子、塑料刮板外观

施工时，应选择把手与薄钢片连接牢固、无松动，把手表面光滑、无刺物，薄钢片无变形、弯曲，手感好的铲刀、钢抹子，以及表面光滑、无刺物，厚薄均匀，无变形、扭曲，手感好的塑料刮板。

（3）1m 长铝合金刮尺　1m 长铝合金刮尺，俗称"刮尺"，是刮抹顶棚腻子的必备工具，它可以使顶棚更加平整，满足施工质量要求，如图 4-16 所示。

铝合金门框方料是按国家标准生产的，平直度好，适宜刮抹平顶。

主要是自制，在市场上选购 50mm×120mm、壁厚在 1.2mm 以上、长 1m 的优质铝合金门框方料即可。

图 4-16　1m 长自制铝合金刮尺

（4）电动打磨器、夹纸板手动打磨器和打磨用砂纸　专业电动打磨器用于大面积墙面打磨，如图 4-17a 所示。夹纸板手动打磨器的形状如同抹子，如图 4-17b 所示，可用来夹住水砂纸砂磨墙面腻子，用于小面积和局部等施工，施工时可提高劳动效率和施工质量。

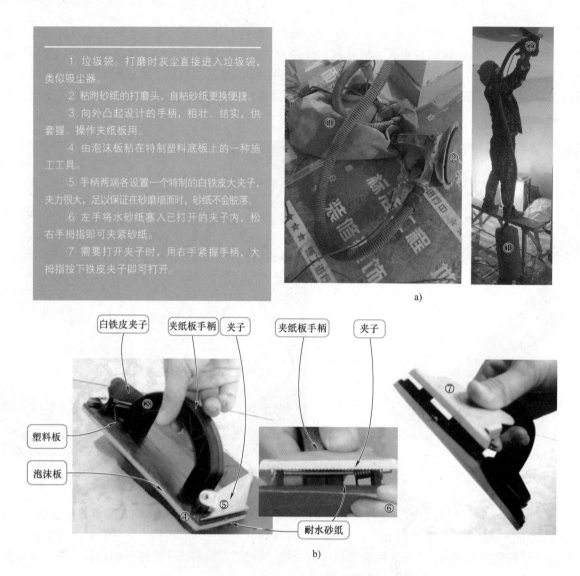

①垃圾袋。打磨时灰尘直接进入垃圾袋，类似吸尘器。

②粘附砂纸的打磨头，自粘砂纸更换便捷。

③向外凸起设计的手柄，粗壮、结实，供套握、操作夹纸板用。

④由泡沫板粘在特制塑料底板上的一种施工工具。

⑤手柄两端各设置一个特制的白铁皮大夹子，夹力很大，足以保证在砂磨墙面时，砂纸不会脱落。

⑥左手将水砂纸塞入已打开的夹子内，松右手拇指即可夹紧砂纸。

⑦需要打开夹子时，用右手紧握手柄，大拇指按下铁皮夹子即可打开。

a)

白铁皮夹子　夹纸板手柄　夹子　　夹纸板手柄　夹子

塑料板　泡沫板　耐水砂纸

b)

图 4-17　专业电动打磨器和夹纸板手动打磨器的外观及组成

a）专业电动打磨器　b）单独配置的灯泡辅助打磨墙面

施工时，应选择质量好的专业电动打磨器和夹纸板：整个夹纸板无变形、扭曲，塑料底板坚硬、不毛糙；泡沫板与底板黏结牢固、无脱胶，泡沫板面平整、方正，有弹性，无凹槽、凸起物、缺角等缺陷；手柄光滑、无刺物、手感舒适，与塑料底板连接牢固；两端大夹子表面光滑，边缘顺滑、无刺物，夹子开启灵便，松紧适中（过紧会打不开或需费力才能打开，过松会夹不住砂纸或砂磨腻子时造成砂纸脱落）。

打磨用砂纸一般选用静电植砂氧化铝耐水砂纸，是刷涂施工的必备工具之一，电动打磨器上选择圆形的自粘贴纸，夹纸板手动打磨器选择常规种类，如图 4-18 所示。用它们来打磨干透后的腻子层可使之平整光滑，从而保证施涂在腻子层上的乳胶漆美观、光洁。

施工时，注意看清砂纸背面写明的砂纸号数，因为不同遍数的腻子选用的砂纸规格不同：多选砂颗粒、砂间距大的 180 号耐水砂纸砂磨第一遍腻子（好处有两个：一是容易砂磨掉凸起物、滴溅物；二是砂磨后腻子层上留下的砂痕大，利于刮抹第二遍腻子）；多选砂颗粒、砂间距较小的 280 号或 360 号耐水砂纸砂磨第二遍腻子，打磨后腻子层表面砂痕较细小、光滑，有利于涂刷乳胶漆，保证面层质量。

自粘圆形砂纸，更换方便。

要选择正面植砂密度、颗粒均匀的耐水砂纸。

耐水砂纸的背面都会标明砂纸的名称、号数等，购买时应辨明。

图 4-18　耐水砂纸

　　另外，与灯光结合的专业电动打磨器（图 4-19a）、口罩、防护眼镜、帽子、水桶及橡胶手套等，也是施工时非常必备的工、用具。小面积处不方便使用与灯光结合的专业打磨器，还需要准备足够长的 2.5mm² 护套线配上白炽灯螺口灯头、螺口 200W 白炽灯泡，如图 4-19b 所示。

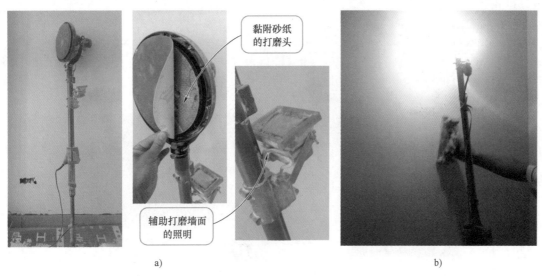

黏附砂纸的打磨头

辅助打磨墙面的照明

a)

b)

图 4-19　与灯光结合的专业电动打磨器、灯泡及配套用具

a）与灯光结合的专用电动打磨器　b）单独配置的灯泡辅助打磨墙面

2. 刷涂乳胶漆用工具及其用具

（1）辊筒　辊筒又称滚动刷，一般用羊毛、化纤等材料制成，如图 4-20 所示，常与羊毛刷（图 4-21）、油漆刷等配套使用。辊筒有 4 寸、7 寸、8 寸、9 寸、10 寸等不同规格，施工中使用最多的是 4 寸、8 寸。

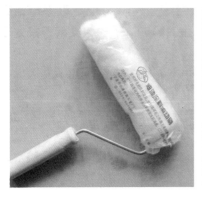
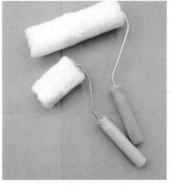

使用前，仔细阅读辊筒塑料外包装上的使用说明。

大面积基层面选用 8 寸，阴角和小面积处选用 4 寸。

图 4-20　辊筒

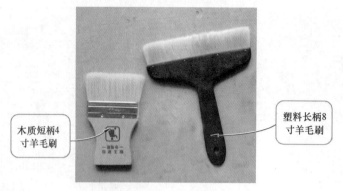

图 4-21　羊毛刷

　　辊筒由手柄、支架、筒芯、筒套四部分组成，如图 4-22 所示。手柄上端与有一定强度和耐腐蚀能力的支架相连；筒芯与支架弯连成一体，弯连处制成环状凸起物并配上镀锌铁垫圈，以防筒套滑脱；筒芯的另一端车螺纹后配螺帽，以固定筒套防止其滑落；筒套的外圈多为人造马海毛制，内圈为硬质塑料套衬；筒套套在筒芯上后，旋紧螺帽即可组装成辊筒。

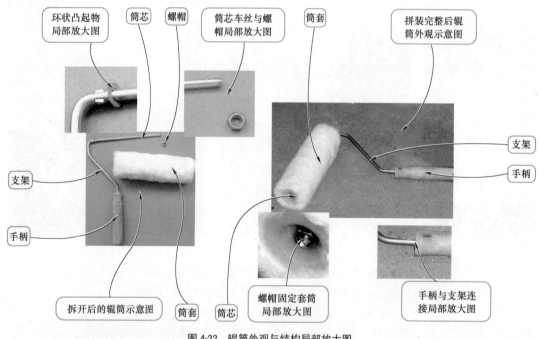

图 4-22　辊筒外观与结构局部放大图

　　使用质量优良的辊筒是提高面层质量的基本条件。选择辊筒时，应注意以下几个方面。

　　1）看外观。一看塑料包装纸：包装纸应该密封完整，并且有厂名、厂址、联系电话等；二看手柄与支架：手柄表面光滑无毛刺、无破裂，支架光滑，无扭曲、锈迹，手柄与支架连接处无胶液渗出且连接牢固。

　　2）转动辊筒，如图 4-23 所示。撕除辊筒外包装纸，右手拿着辊筒先空滚几下并选择手感好的辊筒，然后转动辊筒选择质量好的。

　　3）检查辊毛，如图 4-24 所示。质量好的辊筒毛色纯白无灰尘、油污；辊毛厚薄均匀、长短适中、牢固、无逆毛、不掉毛。

　　（2）羊毛刷　羊毛刷有长柄和短柄之分，如图 4-21 所示。羊毛刷主要用于排刷乳胶漆，使面层达到平整、光洁、美观的装饰效果。短柄羊毛刷的规格为 4 寸，长柄羊毛刷的规格为 4 ~ 12 寸，施工时多选 4 寸羊毛刷。选择羊毛刷时，应注意以下几个方面。

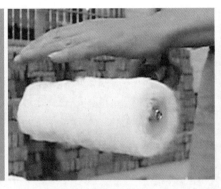

右手平拿稳辊筒，左手用力转动辊筒，检查辊筒转动的灵活性，以及筒芯与筒套是否有摩擦，固定螺帽是否有松动等。

将摸辊筒，感觉套筒植毛是否厚薄均匀、长短适中、无逆毛。

拽拽辊毛，看是否植毛牢固、是否掉毛。

图 4-23　转动辊筒　　　　　图 4-24　检查辊毛

1）看外观。一看塑料包装纸：包装纸上应该写明厂名、厂址、联系电话、使用说明等，且应该密封包装；二看镀锌白铁皮和刷柄：镀锌白铁皮紧固得好且无翘皮、针刺等，刷柄平整、表面光滑、无毛刺、无弯曲。

2）检查羊毛弹性，如图 4-25 所示。一定要选择弹性好的羊毛刷。

将羊毛刷羊毛的尖端按在手上，用力往下按，使羊毛根部接触到手掌，然后猛地松开，以检查羊毛弹性的优劣。

图 4-25　检查羊毛弹性

3）检查羊毛，如图 4-26 所示。撕除外包装纸，右手握住羊毛刷空刷几下，选择手感好的羊毛刷。质量好的羊毛刷，羊毛长短适中，有光泽，无掉毛、逆毛。

① 刮、敲刷毛；看是否掉毛。

② 拽刷毛；看是否扎结牢固。

图 4-26　检查羊毛

（3）棕毛油漆刷　棕毛油漆刷如图 4-27 所示。在刷涂施工过程中，主要用于清扫灰尘。棕毛油漆刷一般用 3 寸、4 寸等规格。

选购优质的棕毛油漆刷，其方法可参见羊毛刷的选购。

（4）除尘布　除尘布，又称粘尘纱布，如图 4-28 所示。经它揩擦后的基层表面不残留油污、尘粒等异物，能提高乳胶漆、油漆的附着力，使施涂表面更加美观、光洁。

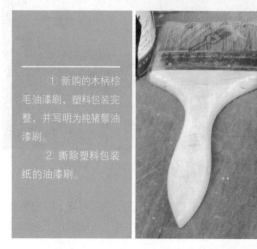

① 新购的木柄棕毛油漆刷，塑料包装完整，并写明为纯猪鬃油漆刷。

② 撕除塑料包装纸的油漆刷。

图 4-27　棕毛油漆刷

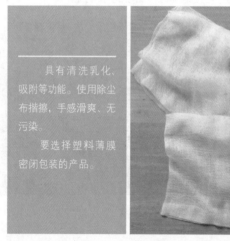

具有清洗乳化、吸附等功能。使用除尘布揩擦，手感滑爽、无污染。

要选择塑料薄膜密闭包装的产品。

图 4-28　除尘布

购买除尘布时，要选择正规厂家生产的产品，保证质量。

（5）登高脚手架　在刷涂施工中，常需要用登高脚手架来完成墙、顶等高处的施工，工地上常见的有铝合金人字合梯架设的脚手板和自制木高凳。人字合梯架登高脚手板如图 4-29 所示，它占空间大且架设麻烦，多用于大型工地施工；自制木高凳如图 4-30 所示，它具有质轻、移动方便、成本低廉等特点，多用于小型（如家装）施工工地。

选用强度高、质轻，有一定宽度、长度，厚50mm 的落叶松木板做脚手板。

人字合梯一般有 5档、7档、9档、11档等多种类型，每档间距300 ~ 350mm。墙、顶、门窗等部位都使用5档或7档。

图 4-29　人字合梯架登高脚手板

工地上，常准备高矮两种木凳。高凳用于顶棚，矮凳用于墙、门窗等处。

图 4-30　自制木高凳

工作过程二 刷涂施工前的技术准备

上述工作准备完成后，即可进入石膏板吊顶现场施工，由于需要登高施工，提醒施工人员注意安全。

一、不同基层刷涂施工工艺顺序及工艺要求

按施工质量要求，施涂乳胶漆可分为：普通施涂，即"1底2面"；中级施涂，即"2底2面"或"2底3面"；高级施涂，即"3底3面"或"3底4面"三个级别。"底"表示腻子层，"面"表示乳胶漆层。

等级越高，其施涂工序就越复杂，要求也越精细。而不同种类的乳胶漆在不同的基层面上刷涂，也各有不同的操作工序。因此，装饰工程施工规范对施涂工序作了明确的规定。下面分别介绍在水泥砂浆抹灰面、混凝土基层和石膏板面基层这三个级别的施涂工艺顺序及工艺要求。

1. 水泥砂浆抹灰面、混凝土基层

1）水泥砂浆抹灰面、混凝土基层室内墙面和顶棚表面上，乳胶漆施涂的工艺顺序如下。

① 普通施涂（"1底2面"）的工艺顺序：清扫→基层检查→水泥砂浆填补缝隙、局部修补→铲除凸起物、磨平→满刮第一遍腻子→磨平、清理基层→刷涂第一遍乳胶漆→刷涂第二遍乳胶漆。

② 中级施涂（"2底2面"或"2底3面"）较复杂的工艺顺序：清扫→基层检查→水泥砂浆填补缝隙、局部修补→磨平→满刮第一遍腻子→磨平、清理→满刮第二遍腻子→磨平、清理→刷涂第一遍乳胶漆→复补腻子→磨平（光）→刷涂第二遍乳胶漆。

③ 高级施涂（"3底3面"或"3底4面"）复杂的工艺顺序：清扫→基层检查→水泥砂浆填补缝隙、局部修补→铲除凸起物、磨平→满刮第一遍腻子→磨平、清理→满刮第二遍腻子→磨平、清理→刮第三遍腻子找平→磨平、清理→施涂封闭底料→刷涂第一遍乳胶漆→复补腻子→磨平（光）→刷涂第二遍乳胶漆→磨平（光）、清理→刷涂第三遍乳胶漆。

2）水泥砂浆抹灰面、混凝土基层室内墙面和顶棚表面上，乳胶漆中级施涂的工艺要求如下。

① 清扫：即将基层清扫干净，显现基层细小缺陷，如麻面、油污等。该施工过程是准确进行基层检查的重要一步。

② 基层检查：基层状况影响乳胶漆施涂以及涂饰后漆膜的性能、装饰质量，因此在施工前必须对墙面、顶棚、隔墙等基层进行全面检查。检查内容包括基层表面的平整度；基层是否有裂缝、麻面、气孔、脱壳、分离、粉化、翻沫、硬化不良、脆弱以及沾污脱膜剂、油类物质等；石膏板和木板面钉子是否外露，板材有无脱胶、反翘，基层含水率和pH值等。

③ 填补缝隙、局部修补等基层处理：在刮腻子前，用水泥砂浆对各种缝隙（如电线管槽等缝隙）进行填补、修整及养护处理，是使乳胶漆表面美观的一道重要工序。如只在刮腻子时用粉料乳液腻子将各种缝隙一起刮嵌填平，则会出现以下两种情况：一是缝隙处腻子层比其他部位厚而迟迟不干，影响第二遍腻子施工，从而影响工期进度；二是缝隙处腻子干缩时间长而导致其四周出现细小裂缝，影响施涂质量。

④ 磨平、清理基层：磨平、清理上道工序留在基层上的滴溅物和痕迹，再次使基层平整、无污物，确保能顺利刮抹腻子。

⑤ 满刮第一遍腻子：通过用糊状腻子，对所有墙、顶面实施刮抹，完成基层的初步找平，是确保基层最终平整的一道重要工序，必须认真对待。

⑥ 磨平、清理：用较粗的水砂纸打磨干透后的腻子层，使基层逐渐趋于平整。清理干净基层面（即在其表面上显露出打磨后留下的交错砂痕），确保与第二遍腻子有很好的黏结。这是基层初步找平的一道辅助工序。

⑦ 满刮第二遍腻子：这是墙面基层再次找平的过程，是确保墙面基本平整以及阴阳角垂直、方正的一道关键工序。大面积刮抹相对较为容易，但阴阳角等细部的刮抹修整，需要工人有较高的技术和较

好的耐性。

⑧ 满刮第二遍腻子压磨平、清理。用较细的砂纸打磨干透后的腻子层，清理干净后，即出现基层基本平整，阴阳角基本垂直、方正的光洁表面，这是对墙面基层再次找平的一道辅助工序。

⑨ 刷涂第一遍乳胶漆。要保证每个地方都施涂到乳胶漆，这是初步施涂的过程，此道工序会发现厚薄不均等面层缺陷。

⑩ 复补腻子。第一遍乳胶漆干后，用腻子修补施涂过程中发现的厚薄不均、局部低洼等问题，之后基层会更加平整。

⑪ 磨平（光）、清理。用较细的水砂纸，轻轻砂磨乳胶漆及复补腻子的流坠物、疙瘩等堆砌物。

⑫ 刷涂第二遍乳胶漆。对基层所有部位满刷乳胶漆一遍，这是使面层光洁、美观的关键施工工序，对乳胶漆和施涂工具都有严格要求，最能体现工人的技术水平、耐心和细心。

2. 石膏板面基层

1）石膏板面基层表面上乳胶漆施涂的工艺顺序。石膏板面清理、检查→自攻螺钉钉帽防锈处理→板缝处理→铲除凸起物、磨平→满刮第一遍腻子→磨平、清理→满刮第二遍腻子→磨平、清理→刷901胶水溶液→刷涂第一遍乳胶漆→复补腻子→磨平（光）→刷涂第二遍乳胶漆→磨平（光）→刷涂第三遍乳胶漆。

2）石膏板面基层上乳胶漆施工工艺。具体要求如下。

① 石膏板面清理、检查：基层清扫、基层检查同抹灰基层刷涂施工工序。

② 自攻螺钉钉帽防锈处理：在刮腻子前用防锈材料对自攻螺钉做防锈处理，至关重要。若在刮腻子前不做防锈处理，则当刮抹腻子时，腻子中的水分就会与钉帽接触致使其生锈，锈斑外露会影响面层美观。

③ 板缝处理：在刮抹腻子前，必须用石膏粉乳液腻子填嵌平整石膏板与板、板与墙面之间10mm左右的伸缩缝；然后在嵌平后的缝隙处用纸带裱贴进行绷缝处理，才能有效防止施工后在面层上出现裂缝。板缝处理是施工前必要的一道工序，若无该工序，则将直接影响施工后的面层质量。

④ 铲除凸起物、磨平→满刮第一遍腻子→磨平、清理→满刮第二遍腻子→磨平、清理：与滚涂施工工序相同。内容详见抹灰基层乳胶漆施涂的工艺要求。

⑤ 刷901胶水溶液：将稀释后的901胶水溶液满刷基层，要求不漏刷，既可以提高基层的黏附力，也可代替高级乳胶漆封闭底料。

⑥ 刷涂第一遍乳胶漆→复补腻子→磨平（光）：与滚涂施工工序相同。内容详见抹灰基层乳胶漆施涂的工艺要求。

⑦ 刷涂第二遍乳胶漆→磨平（光）→刷涂第三遍乳胶漆：与抹灰基层高级涂饰施工工序相同。

二、刷涂施工前的基层检查

（1）抹灰面基层的检查　对新建建筑物的墙面、顶面及隔墙等基层表面的裂缝、麻面、气孔、粉化、翻沫以及沾污脱膜剂、油类物质等的检查可以通过目测完成，而基层平整度、黏结情况等则需借助仪器来完成。

1）基层平整度的检查。用于检查基层平整度的直尺俗称"2m靠尺"。检查时，将2m靠尺放在被检查的基层上，通过直尺在不同方向上的摆放、移置（水平、垂直、不同角度的倾斜），用眼睛观察靠尺与基层间的空隙，如图4-31所示。

2）基层黏结情况。常用中小型的锤子、钻头等工具检查水泥砂浆抹灰面基层与砖墙、混凝土墙体底层之间的黏结情况。用锤子、钻头检查时，常用方法是用手轻松握住锤子手柄或钻头，轻轻敲击水泥砂浆抹灰面基层，如图4-32所示。还可以用右手轻轻握住锤子手柄或钻头，从基层的一边水平或垂直拖动至另一边。当听到同一种清脆划痕的声音时，说明基层与底层的黏结牢固；当听到局部有较响的声音时，说明此处有空鼓现象。

① 在市场上选购断面尺寸为 50mm×100mm、壁厚 1.2mm 以上、长 2m 的优质铝合金门框方料。

② 检查时发现各处的空隙越小，说明基层越平整，刮腻子找平也就越容易。

③ 检查时发现中间空隙较大，或两端空隙大，则说明基层很不平整，要求刮腻子时通过调整腻子层的厚薄来找平。

图 4-31 用靠尺检查墙、顶棚基层平整度

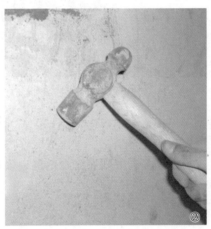
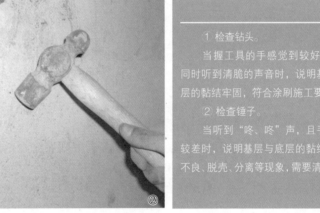

① 检查钻头。

当握工具的手感觉到较好的反弹，同时听到清脆的声音时，说明基层与底层的黏结牢固，符合涂刷施工要求。

② 检查锤子。

当听到"咚、咚"声，且手感反弹较差时，说明基层与底层的黏结有硬化不良、脱壳、分离等现象，需要清理修补。

图 4-32 用锤子、钻头进行基层检查

（2）石膏板材和木质板面基层检查　可以通过目测完成。如目测石膏板材和木板面是否有钉子外露、板材脱胶、反翘等现象。

（3）基层上水泥砂浆流痕等堆溅凸起物　其清理方法如图 4-33 所示。

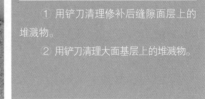

① 用铲刀清理修补后缝隙面层上的堆溅物。

② 用铲刀清理大面基层上的堆溅物。

图 4-33 基层堆溅物清理

（4）基层露出钢筋　用凿子剔凿钢筋周围的少量混凝土，再将外露钢筋去除或敲进基层，最后用水泥砂浆嵌抹平整、养护。

（5）基层表面有油脂、密封胶等　用碱水洗擦或用化学试剂清除。

（6）基层上有粉末状粘贴物　用扫帚在墙面上做"S"形运动，清扫大面积基层面；用棕毛刷、钢丝刷清扫拐角处。

工作过程三　石膏板等基层防锈及其他处理

在目前的装修中，石膏板吊顶、隔墙等施工较普遍，它是一种用黑自攻螺钉将纸面石膏板固定在轻钢龙骨上的施工工艺，要求黑自攻螺钉旋进石膏板内 3mm，如图 4-34 所示。经验表明，石膏板基层钉眼防锈尤为重要，要在刮腻子前，对所有钉眼进行必要的防锈处理，否则黑自攻螺钉可能会受潮而锈迹外露，严重影响装修效果。

图 4-34　轻钢龙骨石膏板吊顶解构图

一、石膏板基层防锈处理

面层检查处理后，即可对钉眼进行处理。若发现石膏板基层自攻螺钉外露，则可用工具将外露钉旋进石膏板内 3mm。钉眼防锈方法有以下两种。

1. 防锈漆防锈方法（图 4-35）

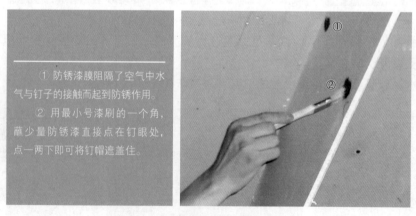

① 防锈漆膜阻隔了空气中水气与钉子的接触而起到防锈作用。

② 用最小号漆刷的一个角，蘸少量防锈漆直接点在钉眼处，点一两下即可将钉帽遮盖住。

图 4-35　石膏板基层钉眼防锈漆防锈处理

这种方法一定要点涂仔细、不宜快。因为漆刷棕毛较粗、较硬，在点防锈漆过程中，由于自攻螺钉钉帽上十字口细小且深，往往造成十字口内点漆不完全，有细小局部未被点上防锈漆而暴露在空气中。当刮抹腻子时，钉帽上未被点上防锈漆的细小局部就会接触到腻子中的水分而开始生锈。该锈斑极小，不会很快穿透腻子层、乳胶漆面层而显露出来，可是竣工验收一段时间后，锈斑会逐渐变大而显现在乳胶漆表面上，影响面层美观。

2. 防锈腻子防锈方法

需要现场配制防锈腻子，随调随用，一般分四步来完成，方法及具体步骤如图 4-36 所示。

① 准备一块 400mm×400mm 左右且表面干净的装饰面板。

② 取少量 32.5 级黑水泥放在装饰面板中间位置上，用铲刀将水泥扒开成井状坑，向水泥井状坑内倒入适量的防锈漆或 JS 复合防水涂料。

③ 用钢抹和铲刀充分搅拌，在搅拌时要调整防锈漆或 JS 复合防水涂料用量，确保腻子成匀质厚质糊状物。

④ 反复搅拌，直至 搅拌成匀质糊状腻子。

图 4-36 防锈水泥腻子调配方法与步骤

防锈腻子调完后，即可进行钉眼防锈施工，方法及防锈处理完后的顶面效果如图 4-37 所示。由于这种防锈施工方便、效果好，所以目前工地上大多选用此种防锈方法。

① 将防锈漆与 32.5 级普通硅酸盐黑水泥充分搅拌成防锈腻子，再用钢抹用力将防锈腻子嵌实、嵌平。
② 填嵌防锈腻子，有效解决了防锈漆点涂不完全的问题，保证了施工质量。
③ 顶面上所有钉眼都必须嵌补，不能遗漏。

图 4-37 石膏板基层钉眼防锈腻子防锈处理及顶面效果

腻子刮抹完后立即清理干净装饰面板，继续调配腻子进行其他钉眼防锈处理直至完工。

二、石膏板材和木质板面基层的其他处理

（1）基层面上有油污 当油污面大时，要换掉该板。

（2）基层面水泥砂浆等喷溅凸起物 用铲刀、刮刀等清除，方法如图 4-33 所示，但注意不要损坏纸面石膏。

（3）木质板材基层脱胶、反翘　重新施胶打钉钉牢，用小钻子或小铁钉尖头将外露钉敲进板内并刮嵌油性腻子防锈。

（4）表面粉末状黏附物　用毛刷、扫帚及吸尘器清理。

工作过程四　不同基层的缝隙处理

石膏板基层和水泥砂浆抹灰面上缝隙处理的好坏将直接影响刷涂面层的装饰效果。其中，石膏板基层缝隙包括石膏板之间、石膏板与墙柱面之间的伸缩缝，阴、阳角的对接缝等；水泥砂浆抹灰面基层面的缝隙包括墙面线槽缝隙、电源插座开关盒周围缝隙、门窗套与墙接缝处缝隙等。石膏板基层缝隙处理相对水泥砂浆抹灰面基层而言要复杂些。下面分别介绍不同的缝隙处理。

一、石膏板顶棚基层缝隙处理

等防锈漆或防锈水泥腻子干燥后，用150号砂纸砂磨平流坠、疙瘩，才能进行石膏板顶棚基层缝隙处理。该过程需按"配制石膏乳液腻子→石膏乳液腻子嵌缝施工→抗裂湿强白纸带绷缝施工"的工序进行，下面以石膏板造型顶棚为例介绍石膏板基层缝隙的处理方法与步骤。

1. 配制石膏乳液腻子

塑形的腻子有现场配制的石膏乳液腻子和市场销售的石膏板专用嵌缝腻子。现场配制的石膏乳液腻子是目前嵌缝的首选用料，其配制、施工方法如下。

1）石膏乳液腻子配料和比例。901胶∶石膏粉∶化学浆糊（浓度2%）=1∶3∶适量，或901胶∶石膏粉=1∶2.5。

2）石膏乳液腻子配制方法与步骤如图4-38所示。石膏乳液腻子一次不宜配制过多，应随用随配、配完即用，否则会因其迅速干硬而失去功效造成浪费。在第二次配制腻子前必须铲掉并清理干净装饰面板及工具上的所有石膏腻子。

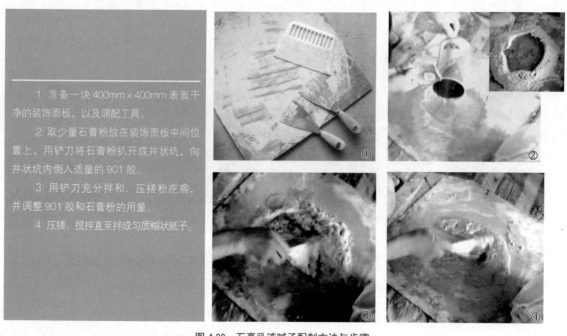

图4-38　石膏乳液腻子配制方法与步骤

2. 石膏乳液腻子嵌缝施工

1) 造型顶棚石膏板间伸缩缝嵌缝施工的方法与步骤，如图 4-39 所示。

① 用钢抹（或塑料刮板）将自配乳液石膏腻子或专用嵌缝腻子，嵌入预留伸缩缝隙内。
② 刮抹接缝处石膏乳液腻子，刮去多余的腻子，使缝隙均匀饱满且与板面持平。
③ 刮抹造型处内侧多余的腻子，使圆弧线条顺滑。
④ 清除钢抹正反两面上硬结的石膏乳液腻子至预先准备好的容器（一般选择纸箱）。

图 4-39 石膏板顶棚造型处伸缩缝嵌缝施工的方法与步骤

2) 石膏板顶棚与墙面的伸缩缝嵌缝施工步骤同造型顶棚石膏板间伸缩缝嵌缝施工，方法如图 4-40 所示。

3) 顶棚与柱面的伸缩缝嵌缝施工步骤同造型顶棚石膏板间伸缩缝嵌缝施工，方法如图 4-41 所示。

用钢抹的尖角将石膏乳液腻子用力填嵌在顶棚与墙面的伸缩缝处。

用钢抹的尖角将石膏乳液腻子用力填嵌在顶棚与柱面的伸缩缝处。

图 4-40 石膏板顶棚与墙面的伸缩缝嵌缝施工　　图 4-41 石膏板顶棚与柱面的伸缩缝嵌缝施工

3. 抗裂湿强白纸带绷缝施工

嵌实、刮平伸缩缝后，在伸缩缝处的腻子层表面上裱贴一条抗裂湿强白纸带进行施工，称为绷缝施工。抗裂湿强白纸带绷缝施工包括平整面上和阴、阳角处的绷缝施工。

（1）平整面上绷缝施工　平整面上绷缝施工方法如下。

1) 平整面湿带绷缝法。平整面湿带绷缝法就是嵌实、抹平石膏板基层上所有缝隙并养护 1d，等腻子干燥后，铲除并磨平嵌缝处的腻子凸起物，然后进行湿带绷缝的方法，如图 4-42 所示。

这样就完成了第一段纸带的湿绷缝施工。紧接着，重复图 4-42 中的四步一段接着一段地进行绷缝施工，直至裱贴完所有缝隙。裱贴纸带时，纸带的段间接头空隙不能超过 3mm。湿带绷缝法适用于工程量较大的工程，可由两人或三人同时施工。平整面上湿带绷缝施工后的表面效果如图 4-43 所示。

① 贴绷带 30min 前，将抗裂湿强白纸带拉开至足够长后，连同整卷充分浸入清水中。

② 用羊毛刷在嵌缝腻子层上均匀刷涂白乳胶，每次刷胶长度一般在 1.5m 左右。胶痕宽于纸带宽度，两边都宽出 30 ~ 50mm。

③ 左手从水中拎出纸带，让水顺着纸带向下流淌 1min 左右，然后右手拿刮板，左手持直纸带，将纸带从一端开始贴在刚刷的白乳胶上。

④ 用刮板将纸带用力刮压在腻子层上至胶尽位置，随即将刮板竖直顶紧纸带并将其拉断。将余下的纸带放回水中，在纸带上再顺刮压几遍。

图 4-42 石膏板平面接缝处湿带绷缝法

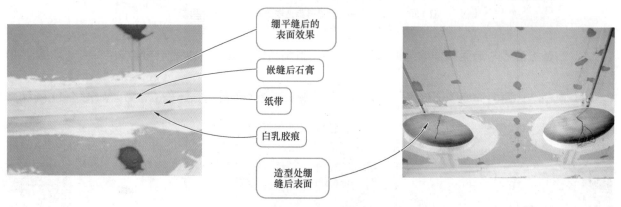

绷平缝后的表面效果

嵌缝后石膏

纸带

白乳胶痕

造型处绷缝后表面

图 4-43 石膏板湿带绷缝施工后的表面效果

2）平整面干带绷缝法。平整面干带绷缝法就是用石膏乳液腻子嵌实、抹平两三条缝隙后，趁腻子半干，进行干带绷缝施工的方法，步骤如下。

① 量取、截断纸带：根据刮抹腻子后的缝隙长度，量取、截断长于缝隙长度的纸带。

② 裱贴纸带：在抗裂湿强白纸带或穿孔牛皮纸带背面均匀涂适量白乳胶后，从缝隙腻子层上的一端开始将其贴至另一端，随即用干净刮板在纸带上用力顺刮压两三遍，以确保纸带与腻子层之间黏结密实、牢固无空隙。

③ 刮抹腻子。将两条或三条缝隙裱贴、压实后，再用宽于纸带宽度的刮板在纸带上薄薄地敷刮一层乳液石膏腻子。

紧接着，重复以上三步一条缝接着一条缝地进行干带绷缝施工，直至裱贴完所有缝隙。此法适用于工程量较小的工程，可以一人施工，也可两人或三人分段同时施工。

（2）阴、阳角处的绷缝施工　阴、阳角处的绷缝施工方法如下。

1）阴角处湿带绷缝施工方法如图 4-44 所示。阳角处湿带绷缝施工方法与阴角处大致相同，唯一不同的是后者应将纸带贴在阳角处调中的方向。阴、阳角处湿带绷缝施工后的表面效果如图 4-45 所示。

2）阴角处干带绷缝施工方法可参考图 4-44，但要注意干带、湿带裱贴的区别。阳角处干带绷缝施工方法与阴角处大致相同，只是后者应将纸带贴在阳角处调中的方向。

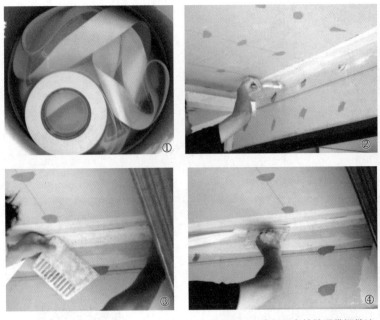

① 施工前，水浸抗裂湿强纸带。方法同平整面上湿带绷缝法。

② 在阴角收缩缝处刷白乳胶。方法同平整面上湿带绷缝法。

③ 将纸带裱贴在阴角处腻子层上。方法同平整面上湿带绷缝法。

④ 将纸带贴紧阴角并调整纸带后，随即用刮板在纸带宽度中间位置上，按下刮板压纸带至阴角接缝处的白乳胶上，直到胶尽位置。随即将刮板竖直顶紧纸带并将其拉断，再在纸带两个面上顺刮压几遍。

图 4-44 石膏板阴角接缝湿带绷缝法

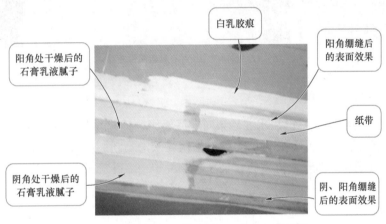

图 4-45 石膏板阴、阳角处湿带绷缝施工后的表面效果

二、石膏板隔墙墙面、阴阳角处基层缝隙处理

1. 石膏板隔墙平整面上缝隙处理

1）纸带绷石膏板伸缩缝法同顶棚平整面缝隙处理方法。一面墙的绷缝施工应从墙的左端开始到右端结束。

2）金属装饰条绷石膏板伸缩缝法。金属装饰条为热镀锌钢材金属护角，3m/根，包括阴阳角、伸缩缝等金属收口条，施工方法如图 4-46 所示。

2. 石膏板隔墙阴、阳角处缝隙处理

石膏板隔墙阴、阳角处缝隙处理目前有三种方法。

1）纸带绷石膏板隔墙阴、阳角缝法。同顶棚阴、阳角处缝隙处理方法。

2）金属护纸带绷石膏板隔墙阴、阳角缝法。金属护纸带由高质量交错纤维拉毛纸及镀锌钢条组成，其方法与抗裂湿强纸带施工方法一样。

3）塑料装饰条绷石膏板隔墙阴、阳角缝法。阳角绷缝施工方法如图 4-47 所示。

①按所需长度切断伸缩缝，将金属条安放在伸缩缝处，再用手枪钻和自攻螺钉将其固定在石膏板上。

②用嵌缝腻子将伸缩缝用金属条埋在石膏腻子中，养护12h（专用嵌缝膏只需养护2h）。待完全干燥后，即可进行下道工序。

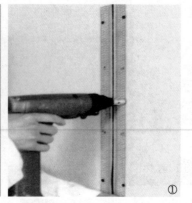

图 4-46　金属装饰条绷石膏板伸缩缝法

①按所需长度切断护角，将塑料条安放在阳角处，再用手枪钻和自攻螺钉将其固定在石膏板上。

②用嵌缝腻子将塑料护角埋在石膏腻子中，养护12h（专用嵌缝膏养护2h）。待其完全干燥后，即可进行下道工序。

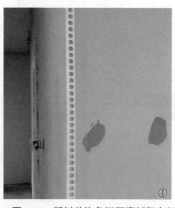
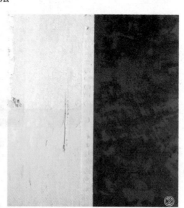

图 4-47　塑料装饰条绷石膏板阳角绷缝

三、水泥砂浆抹灰面基层缝隙处理

水泥砂浆抹灰面基层缝隙是指已用水泥砂浆对电线管槽、插座、开关的电源盒等处进行缝隙处理后留下的细小缝隙或局部的"凹凸不平"，这类缝隙常用乳液滑石粉腻子或石膏缝乳液腻子进行处理，不得使用纤维素大白粉（老粉）腻子。乳液腻子按"配制腻子→嵌缝施工"的工序进行。

1. 配制腻子

（1）滑石粉乳液腻子　腻子配料和比例如下：

石膏粉：滑石粉：化学浆糊（浓度2%）：901胶：白乳胶 =1：5：1.5：1.5：1。

（2）石膏粉乳液腻子　同石膏板顶棚缝隙处理用的腻子。

2. 缝隙施工

缝隙不同，填嵌方法有所不同。

1）电源插座、开关盒周围和电线管槽处缝隙。施工方法如图 4-48 所示。

刮嵌该处缝隙，用钢抹（或塑料刮板）横平竖直用力刮抹几次，将腻子填嵌进缝隙。

电线管道及开关盒周围处缝隙，要求面层刮抹平整。

图 4-48　电源插座、开关盒周围和电线管槽处缝隙处理

2）门窗套与墙的接缝。施工方法如图 4-49 所示。

①先用钢抹沿门窗套边上下刮抹几次，将石膏腻子嵌入缝隙深处。

②再横向刮抹腻子，力求刮嵌的缝隙饱满、平整。

图 4-49　门窗套与墙接缝的处理

工作过程五　不同基层的满刮、砂磨腻子施工

基层刮腻子时一般先顶棚、再墙面、最后柱面。每个基层面必须按"刮腻子前准备→配腻子→基层再清理、处理→满刮腻子→清理工具→砂磨干燥腻子"六个工序进行施工。下面介绍墙、顶棚、柱面均为水泥砂浆抹灰面基层满刮腻子的施工方法与步骤。

一、水泥砂浆抹灰面顶棚满刮第一遍腻子

1.刮腻子前准备

首先，在施工现场确定该项目是现场打制木门、窗套、踢脚板等，还是厂家定制木门、窗套、踢脚板等。如果是前者，刮抹腻子前需要对已施工的木门、窗套、踢脚板等进行保护；若是后者，则无需该施工过程。下面详细介绍现场打制木门、窗套、踢脚板等刮抹腻子、施涂乳胶漆的施工方法：

1）刮抹腻子时必须保证每个空间有足够的亮度，一般可在顶棚中央安装碘钨灯或 200W 白炽灯。如地面已铺设地砖，则应用彩条遮雨布遮盖地砖面。

2）准备登高脚手架，工地上多选自制木高凳。如选择人字梯架设的登高脚手架，则需要两人配合架设。

3）贴美纹纸。满刮第一遍腻子前，必须对所有五金门锁、踢脚板等部位用美纹纸贴面保护，以防腻子对其表面造成污染。这些部位的表面一旦受污染就很难清除干净，会给后序的清水漆罩面施工带来麻烦。

①美纹纸裱贴五金门锁，分三步进行，方法如图 4-50 所示。

②美纹纸裱贴踢脚板，一般自左向右，直至裱贴完一项工程。方法如图 4-51 所示。

③美纹纸裱贴门窗套外侧面，方法如图 4-52 所示。

④美纹纸裱贴现场木制家具表面，方法同门窗套外侧面裱贴法。裱贴后的表面如图 4-53 所示。

4）安装电动搅拌器，分三步来完成，方法如图 4-54 所示。

5）基层再清理、处理。尽管已完成了基层处理，但是在处理过程中可能会遗留少量凸起物未被清理掉，或可能会出现新的基层裂缝等质量缺陷，再加上刷涂施工对基层质量要求较高，所以在刮腻子前，必须进行基层再清理、处理工作。

①基层再清理，方法如图 4-55 所示。

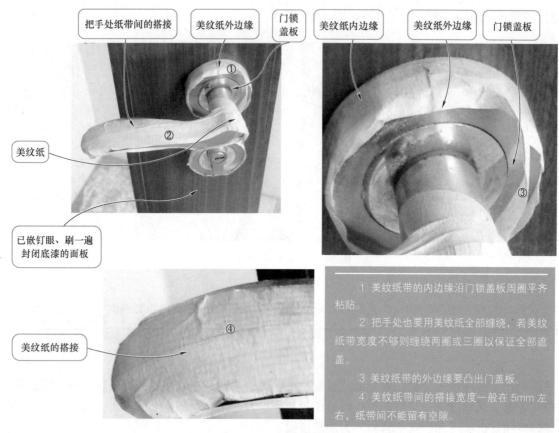

图 4-50　美纹纸裱贴五金门锁

①拉开纸带一段距离后，将左手端的纸带按紧在踢脚板表面的起点处，右手下移并将纸带贴近踢脚板，要求纸带内边缘线对准踢脚板表面的内边缘线。

②左手食指（或中指、拇指）自左向右压紧纸带到踢脚板的上表面上，直至接近右手处停下。右手再向右退拉纸带到一段距离后，继续裱贴美纹纸带。

③在拐角处，要拉断美纹纸带并进行搭接，搭接长度一般在 10mm 左右，中间不能留有空隙。

图 4-51　美纹纸裱贴踢脚板

②顶棚楼板间新的裂缝处理，必须先嵌缝，再贴抗裂湿强纸带，方法同本项目石膏板缝处理。除以上准备工序外，还要注意天气变化，尽量避开阴雨天刮抹腻子。

2. 配腻子

一般情况下顶棚的误差较墙面大，刮抹水泥抹灰面平顶需较厚腻子层，一般至少厚 10mm，甚至局部厚 30mm，这需要腻子层质轻、坚硬、牢固，而这些特性只有石膏乳液腻子具备，因此要选用"石膏粉 + 少量白水泥、滑石粉乳液腻子"来塑型。

拉开美纹纸，在门套线外侧面裱贴，保证纸带内边缘线与门窗套线侧面内边缘线对齐，直至完成全部任务。

图 4-52 美纹纸裱贴门窗套外侧面

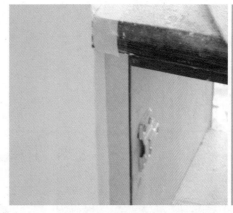

用美纹纸对现场木制家具与墙基层交接的周边表面进行裱贴保护。

图 4-53 美纹纸裱贴现场木制家具表面

搅拌杆

小旋钮

③

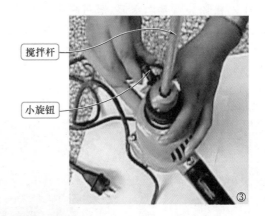

钻孔及孔内的三根紧箍小柱

旋孔

齿轮

⑤

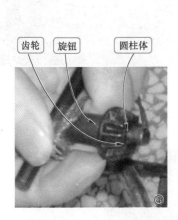

齿轮 旋钮 圆柱体

④

旋钮 钻孔

②

①倒置电钻，将电钻钻孔朝上放置，一手扶着电钻，可见钻孔内有三根紧箍小柱。

②将手中的小旋钮前端的小圆柱体插入钻头旋孔中，使小旋钮上的齿轮与旋孔下方的齿轮咬合后，逆时针旋转两三下，再用同样方法旋转另两个旋孔，这样就可以松开紧箍孔。

③将搅拌杆插入紧箍孔，使旋钮与旋孔咬合后，依次顺时针均匀用力旋转三个旋孔到紧固搅拌杆。

④小旋钮上齿轮圆柱体放大图。

⑤钻头上旋孔、齿轮放大图，钻头周圈共有三个同样的旋孔。

图 4-54 安装电动搅拌器

在顶棚中央安装200W白炽灯，用于施工照亮。

必须用铲刀铲除抹灰顶棚的凸起物等。

图 4-55 顶棚基层再清理

（1）石膏粉＋少量白水泥、滑石粉乳液腻子的配料及比例 石膏粉：滑石粉：32.5 级白水泥：901 胶：化学浆糊（浓度 2%）：醋酸乙烯乳液（质量分数）=5：2：1：1.5：1.5：1。

（2）腻子配制方法 腻子配制过程主要是配制羧甲基纤维素液、腻子备料，以及电动搅拌成腻子。

1）配制羧甲基纤维素液。实际施工时羧甲基纤维素液需要量大，要选择大容器才能满足至少一天施工的要求。配制分两步来完成，方法如图 4-56 所示。

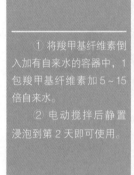
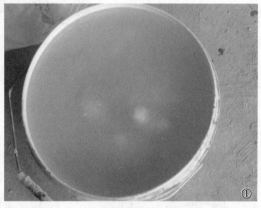

① 将羧甲基纤维素倒入加有自来水的容器中，1包羧甲基纤维素加5~15倍自来水。

② 电动搅拌后静置浸泡到第 2 天即可使用。

图 4-56 配制羧甲基纤维素液

2）腻子备料，方法如图 4-57 所示。

将所需901胶水、浸泡后的羧甲基纤维素液和粉料按比例装入容器中。

一般是先将901胶水和羧甲基纤维素水溶液倒入容器中，接着再倒入所需粉料。

图 4-57 石膏乳液腻子备料

3）电动搅拌腻子。目前，工地上搅拌腻子，已经使用电动搅拌代替传统的手工搅拌，电动搅拌腻子一般分五步来完成，方法如图 4-58 所示。

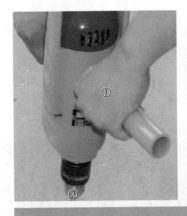

① 插上电源，右手握住有电钻开关的把手，左手紧握另一只把手，将搅拌圆盘从中间部位插入需要搅拌的腻子材料中。

② 启动电钻，初步搅拌腻料，判断不同配料比例是否合适，以便及时增补腻子所需配料。

③ 先上下垂直移动搅拌圆盘对腻子材料进行搅拌，即从腻子材料面层搅拌到底部，再从底部搅拌到面层，搅拌两三个来回即可，这样完成三四个搅拌点的搅拌。

螺旋形上下移动搅拌圆盘，即从腻子材料底部中间部位开始搅拌，螺旋向上到面层边缘，再从面层边缘开始，螺旋向下到底部中间部位，搅拌两三个来回，完成腻子搅拌。调好后的腻子是一种匀质糊状物。

④ 断开电钻电源，用干净的塑料薄膜裹好搅拌圆盘放置，或放置在干净地方备用。当天完工后清洗干净搅拌圆盘。

图 4-58　电动搅拌石膏乳液腻子的方法

3. 顶棚满刮第一遍腻子

顶棚满刮腻子的原则是：先细部、后大面、再细部。即初步刮抹细部后，开始刮抹大面积，大面积刮抹完成后，再修整细部，这样就完成了满刮第一遍腻子的施工。

满刮第一遍腻子分四步完成，其施工方法如图 4-59 所示。

① 站上高凳，从顶面的一个阴角处开始向中间堆抹腻子，要求用塑料刮板快速将石膏乳液腻子堆抹于顶面上，且将阴角处腻子刮平，直至顶棚有一定面积的腻子层。

② 两手握紧 1m 长且干净的铝合金刮尺，伸直手臂将尺放在腻子层上的阴角线处，接着弯曲手臂向面前用力拖刮至一定距离。后退一步重复上述动作，刮压下一处至高凳另一端。多次刮压至刮完该片顶面。

③ 经过上一步操作，铝合金刮尺上会有较多石膏乳液腻子而影响继续刮抹，此时必须清掉靠尺上的腻子至料桶中，才能进行下步工序。

④ 两手握紧已清理干净的铝合金刮尺，反向站立，伸直手臂将尺放在腻子层的一端上，进行反向刮抹多次刮压至阴角线处，直至该片顶面基本平整。

下一处刮压时要适当重叠上一处，两处重叠宽度控制在刮尺宽的 1/3~1/2 之间。

图 4-59　抹灰基层平顶面满刮第一遍腻子

重复上述刮抹腻子的四个步骤，直至施工完整个顶面。顶面与墙及细部的交接处用整片塑料刮板辅以半片塑料刮板进行连接修补施工。

最后，得到如图 4-60 所示的有明显局部露底现象的顶饰面效果。这是因为第一遍满刮腻子是初步找平过程，腻子层不宜过厚，所以遮不住顶棚的外凸处而出现露底。

4. 清理工具

当顶棚所有腻子刮完后，必须彻底清理靠尺等工具，方法如图 4-61 所示。

清理工具完工后，第一遍满刮腻子施工结束。在等待顶棚腻子干燥的过程中，即可进行水泥砂浆抹灰墙面基层的刮腻子施工。

施工完后，有明显局部露底现象的顶棚。

图 4-60 满刮第一遍腻子后的顶棚

用铲刀清理铝合金刮尺的四个面。

图 4-61 清理铝合金刮尺

二、水泥砂浆抹灰墙面基层满刮第一遍腻子

水泥砂浆抹灰墙面满刮腻子施工包括阴角处刮抹和大面积墙面刮抹，一般先进行阴角处的满刮腻子施工，后进行大面积墙面刮抹。

1. 墙面上所有阴角线处腻子刮抹施工

墙面上所有阴角线处包括门窗套线交界处、踢脚板与墙面交界处、墙面阴角等，是细部刮抹。

（1）刮腻子前准备

1）刮抹腻子前需再次检查已使用一段时间后的白炽灯、登高脚手架、各处的美纹纸裱贴情况、电动搅拌器是否符合施工要求。

2）基层再清理、处理。在刮腻子前，必须进行基层再清理、处理，以确保施工的高质量。方法如图 4-62 所示。

①

②

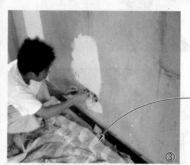
彩条遮雨布
③

① 用铲刀清铲，已处理后的抹灰面基层上会遗留少量细小凸起物。
② 再次清铲石膏乳液腻子表面的细小凸起物。
③ 将外露的电线塞至电线盒中，以免电线影响刮腻子施工。

图 4-62 基层再清理、处理

除了如图 4-61 所示基层再清理、处理外，还要铲除门窗套等阴角处因填补缝隙后留下的腻子疙瘩等凸起物，并清理干净。填嵌新出现的缝隙。

（2）配腻子

1）腻子的配料及比例。由于阴角要求垂直方正，需要用石膏乳液腻子来塑型，所以可以采用顶棚腻子，也可另配腻子，其配制比例与配料如下：

石膏粉：滑石粉：901 胶：羧甲基纤维素溶液（浓度 2%）（质量分数）=3：1：1：1。

2）配制方法同顶棚腻子配制。

（3）满刮第一遍腻子　由于目前新建毛坯房的基层平整度较高，所以第一遍满刮腻子，只需薄刮即可完成初步找平，下面介绍不同阴角处腻子刮抹的方法与步骤。

1）门窗套线与墙面交接处的阴角满刮第一遍腻子。左窗套线边阴角腻子刮抹施工的方法与步骤如图 4-63 所示。

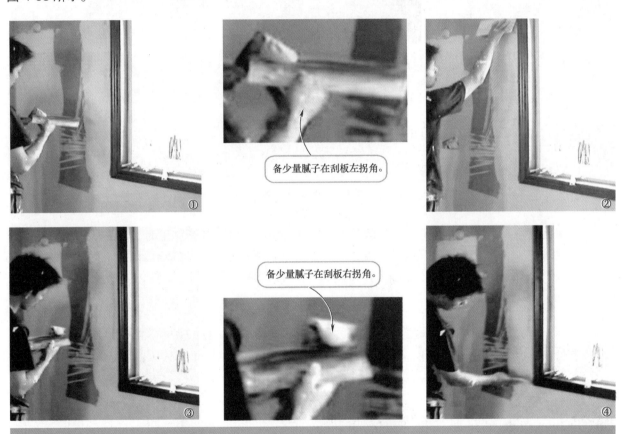

备少量腻子在刮板左拐角。

备少量腻子在刮板右拐角。

① 左手拿铲刀，右手平拿刮板。用铲刀从搅拌好的腻子桶中铲出少量腻子，并迅速将腻子刮抹在刮板左拐角位置上，以保证将腻子刮嵌至阴角处的缝隙与低洼处，使阴角垂直、方正。

② 将该刮板腻子朝上，边抬高边靠向墙面，至手臂施工的最高限且接近墙面位置时，迅速逆时针 180° 翻转刮板，将其贴向墙面使腻子粘贴到该阴角处并沿阴角线向下用力刮抹，至手臂施工最低限位置，再自上而下顺一遍腻子后，完成第一板刮抹。

③ 左手拿铲刀，右手平拿铲干净的刮板。用铲刀从搅拌好的腻子桶中铲出少量的腻子，并迅速将腻子刮抹在刮板右拐角位置上。

④ 将刮板平放，腻子朝上，向窗套线最下端贴近并靠紧窗套线的外边缘线，同时沿阴角线向上用力刮抹腻子至手臂施工最高限位置时，再自上而下顺腻子一遍后，完成第二板刮腻子。

图 4-63　左窗套线边阴角腻子刮抹

完成图 4-63 中所示的四步施工流程后，清理干净刮板，重复第一、二步的施工操作；接着，再次清理干净刮板，重复第三、四步的施工操作，直至左窗套线边阴角腻子的刮抹基本达到施工要求。

清理刮板后，进行右窗套线边阴角腻子的刮抹，其施工方法与刮抹左窗套线边阴角腻子一样，只是施工方向与之相反；接下来，参照上述施工方法完成上下窗套线边阴角刮抹腻子的施工，直至完成一个窗套四个边线的阴角腻子刮抹。再清理刮板，完成一个下窗套边所有边线阴角腻子的刮抹施工。用同样方法完成门套边阴角刮抹，直至完成所有门窗套线边阴角腻子的刮抹。

2）踢脚板与墙面交界处的阴角满刮第一遍腻子。一般情况下，在一面墙上是从踢脚板的两端向中部刮抹的，要分三步来完成。踢脚板阴角向右刮抹第一遍腻子的施工方法与步骤如图 4-64 所示。

 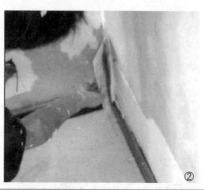 

① 左手拿铲刀，右手平拿刮板蹲在距墙面 400mm 左右的位置，用铲刀从搅拌好的腻子桶中铲出少量腻子，并迅速将腻子刮抹在刮板右拐角上。

② 将刮板平放，腻子朝上，向踢脚板上沿贴近，侧身的同时迅速将刮板顺时针翻转 90°，同时靠紧踢脚板上沿线阴角并沿着阴角线向右用力刮抹腻子至手臂施工最右限位置。接着，再自左拐角向右顺一遍腻子，完成第一板腻子刮抹。

③ 在铲干净的刮板的右拐角位置上备少量腻子，重复第一板刮抹、顺腻子施工；再次备腻子、刮抹、顺腻子一遍，直至达到施工要求。

图 4-64　踢脚板阴角向右刮抹第一遍腻子

3）墙面阴角满刮第一遍腻子。一般情况下，在进行墙面阴角刮腻子施工时，应先从墙阴角线两端开始向中部施工。一种情况是在顶棚施工结束后，紧接着使用顶棚腻子刮抹墙面阴角；另一种情况是在刮抹踢脚板与墙面交界处阴角施工结束的同时，进行墙面阴角腻子的刮抹，具体方法及步骤如图 4-65 所示。

① 左手拿铲刀，右手平拿刮板蹲在距墙面 400mm 左右的位置。用铲刀从搅拌好的腻子桶中铲出少量腻子，并迅速将腻子刮抹在刮板左拐角位置上。

② 将刮板平放，腻子朝上，在已刮抹施工后阴角的一面墙上靠紧踢脚板上沿。同时，沿着阴角线向上用力刮抹腻子至手臂施工最高限位置。接着，再自下向上顺腻子一遍，完成阴角处右墙面上第一板腻子的刮抹。

③ 在铲干净的刮板的左拐角位置上备少量腻子，重复第一板刮抹、顺腻子施工；再次备腻子、刮抹、顺腻子一遍，直至达到施工要求。

图 4-65　墙面阴角满刮第一遍腻子

将腻子刮抹在刮板右拐角位置上，重复第一板刮抹腻子的方法，完成阴角处左墙面上第一板腻子的刮抹。

为保证第二天墙面大面积刮抹施工，一定要注意在第一天收工前完成该墙面两个阴角和踢脚板阴角的腻子刮抹，并清理干净所有的刮抹工具以备第二天使用。

2. 大面积抹灰墙面满刮第一遍腻子

（1）腻子的配料及比例　腻子的选用由乳胶漆的种类来决定。抹灰墙面常使用以下三种腻子。

1）滑石粉乳液腻子。其配料及比例如下：

32.5 级白水泥：石膏粉：滑石粉：901 胶：化学浆糊（浓度 2%）：醋酸乙烯乳液（质量分数）= 1：1：5：1.5：1.5：0.5。

该种腻子适于中档乳胶漆的第一遍封底用，适用于不同基层的内墙。腻子砂磨较容易。

2）白水泥乳液腻子。其配料及比例如下：

32.5 级白水泥：聚醋酸乙烯乳液（白乳胶）：901 胶：2% 羧甲基纤维素溶液 =6：0.5：1.5：1。

该种腻子适用于高档、彩色乳胶漆的第一遍封底用，适用于抹灰基层的内墙。腻子砂磨困难，对涂膜保护好。

3）专用内墙补土（高档乳胶漆都配备）。施工时用 10：1 水与聚醋酸乙烯（白乳胶）的稀释液将专用腻子调匀即可实施刮抹。该种腻子适用于高档、彩色乳胶漆的第一遍封底用，适用于不同基层的内外墙。

（2）配制方法　同顶棚腻子配制。

（3）满刮第一遍腻子　大面上刮腻子常用三种方法：竖向刮抹、横向刮抹、弧形刮抹。

1）竖向刮抹。竖向刮抹的施工方法与步骤如下：

① 第一板腻子的刮抹。竖向刮抹第一板腻子的方法与步骤如图 4-66 所示。

　1 左手拿铲刀，右手平拿刮板，用铲刀从搅拌好的腻子桶中铲出足量的腻子，并迅速将腻子刮抹在刮板中部位置上，这样操作两三次后刮板中部就存有足量腻子。

　2 将刮板腻子朝上，边抬高边靠向墙面，至手臂施工的最高限且接近墙面位置时，迅速顺时针 180° 翻转刮板，并将其贴向墙面，使腻子粘贴到墙面上，并向下用力刮抹，至手臂施工最低限位置。

　3 自上而下顺一遍腻子至底部。同时，迅速将刮板顺时针翻转 180° 贴至墙面并向上刮抹至起始处。这样就完成了第一板刮抹腻子，墙面上也留有一道刮板宽的腻子层。

图 4-66　墙面竖向刮抹腻子

② 第二板腻子的刮抹。利用刮板上刮抹完第一板后剩余的腻子，用同样的方法紧挨第一板腻子的边上刮抹完第二板腻子，注意两遍腻子层间的搭接宽度在 50mm 左右。此时，墙面上会留下宽 350mm 左右的腻子层。

③ 第三板腻子的刮抹。刮抹完第二板后，刮板上的腻子量已经很少且较分散，这时需将刮板上少量腻子重新集聚在刮板中部，其方法如图 4-67 所示，以填抹腻子到未抹处或低洼处。等刮板上的腻子填抹完后，即刻用该刮板自上而下、再自下而上地刮抹腻子重叠处和腻子层其他部分，以防止腻子层局部过厚。这样就完成了第三板腻子的刮抹，此时的腻子层显得较为平整。

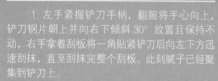

① 左手紧握铲刀手柄，翻腕将手心向上，铲刀钢片朝上并向右下倾斜 30° 放置且保持不动，右手拿着刮板将一角贴紧铲刀后向左下方迅速刮抹，直至刮抹完整个刮板。此刻腻子已经聚集到铲刀上。

② 左手顺时针翻转 90°，使有腻子的铲刀竖立起来，右手顺时针翻转 90°，使干净的刮板平放，铲刀贴紧刮板并迅速向下移动，同时向上迅速移动刮板，铲刀上的腻子即被刮抹在刮板中部位置。

图 4-67　集聚刮板上少量腻子的方法

④ 清理刮板。第三板刮抹完毕，让铲刀保持不动，将刮板贴紧铲刀后快速向下运动刮抹，刮板上的腻子就会留在铲刀上。在刮板正面、背面各刮抹一次，刮板上极少量腻子就会留在铲刀上，这样就完成了刮板的清理，而留在铲刀上的极少量腻子，则会被铲刀带着插入腻子料桶中重新铲出足量腻子，开始下一轮的腻子刮抹施工。

2）横向刮抹。横向刮抹的施工方法与步骤如下：

① 第一板腻子的刮抹。横向刮抹第一板腻子的方法与步骤如图 4-68 所示。

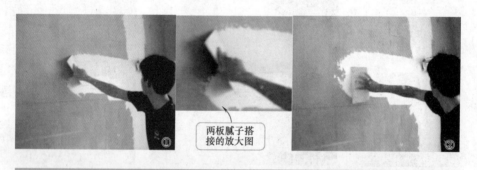

两板腻子搭接的放大图

① 将备有大量腻子的刮板平放且腻子朝上，向右移动至手臂施工最右限位置且接近墙面时，迅速将刮板逆时针翻转 90° 竖起刮板，同时将其贴向墙面使腻子粘贴到墙面上。向左用力刮抹腻子至手臂施工最左限位置，这样就完成了一次腻子的刮抹施工。

② 接着，迅速将刮板逆时针翻转 180° 同时向右刮抹，将留在墙面上多余的腻子刮在刮板上。再自右向左顺腻子一遍后，完成第一板腻子刮抹。墙面上会留有刮板宽的一道腻子层。

图 4-68　墙面横向刮腻子

② 第二板腻子的刮抹。利用刮板上刮抹完第一板后剩余的腻子，用同样的方法紧挨第一板腻子的边上刮抹完第二板腻子，注意两遍腻子层间的搭接宽度在 50mm 左右。此时，墙面上会留下宽 350mm 左右的腻子层。

③ 第三板腻子的刮抹。重聚刮板上的腻子并填抹至刚才未抹到处或低洼处，方法同竖向刮抹。等刮板上的腻子填抹完后，即刻用该刮板从左向右、从右向左顺腻子各一遍，刮抹重叠处和腻子层其他部

分，使腻子层显得较为平整，完成第三板刮抹腻子。

④ 清理刮板。方法同竖向刮抹。

横向刮抹适用于大面积墙面施工，尤其适用于第一遍满刮腻子。第一遍横向刮抹未完成的墙面效果如图 4-69 所示。

图 4-69　第一遍横向刮抹未完成的墙面效果

① 顶棚阴角已预先刮抹塑型腻子。

② 电线管槽处已预先刮抹嵌缝腻子。

③ 已进行横向刮抹的腻子层表面。

④ 未刮抹腻子的水泥砂浆抹灰面。

3）弧形刮抹。刮抹大面积墙面过程中，当出现如图 4-70 所示的情形时，可采用弧形刮抹法。墙面腻子弧形刮抹方法与步骤如下：

① 第一板腻子的刮抹。墙面上第一板弧形刮抹的方法与步骤如图 4-71 所示。

② 第二板腻子的刮抹。利用刮板上刮抹完第一板后剩余的腻子，用同样的方法在原处迅速重复一遍第一板刮抹腻子、顺腻子的施工操作。

③ 第三板腻子的刮抹。重聚刮板上少量腻子并填抹至刚才未抹到处或低洼处，方法同竖向刮抹。等刮板上的腻子填抹完后，即刻用该刮板再次顺一遍周围的腻子层，使腻子层显得较为平整，完成第三板刮抹。这时墙面上会出现较为平整、光亮的腻子层。

④ 清理刮板。方法同竖向刮抹。

在刮抹腻子过程中，当出现腻子中间剩下一块抹灰面需要刮抹腻子的情形时，往往会采用弧形刮抹。

图 4-70　可采用弧形刮抹的情形

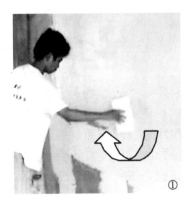

① 将备有大量腻子的刮板平放且腻子朝上，向右上方移动至手臂施工最右上限位置且接近墙面时，迅速将刮板逆时针翻转 180° 使腻子粘贴到墙面上，并向左下方呈弧形用力刮抹腻子至手臂施工最低限位置，继续向左上方作弧形刮抹至手臂施工最左上限位置。

② 在施工至最左上限位置时，迅速将刮板逆时针翻转 180° 向右下，接着向右上方作弧形刮抹，至手臂施工最右上限位置，完成中间腻子的刮抹，同时顺一遍周围的腻子层。

图 4-71　墙面弧形刮腻子

根据施工具体情况，对墙面上不同部位可采用不同的刮抹方法，这几种方法可以单独或结合使用。墙面阴角、门窗套竖边与墙面交接处等主要采用竖向刮抹；顶棚阴角、墙面踢脚处、门窗套横边与墙面交接处等主要采用横向刮抹；小面积墙面（如窗间墙）、柱面主要采用竖向刮抹方法；大面积墙面常采用横向、竖向、弧形综合刮抹。

一面墙完工后再刮抹另一面墙，面积较大时，可两人同时刮抹一面墙，也可两人或三人每人一面墙同时施工。总之，要依具体工作量和工作界面来定，直至第一遍满刮腻子结束。

3. 柱面第一遍满刮腻子及墙、柱面阳角第一遍满刮腻子

柱面第一遍满刮腻子及墙、柱面阳角第一遍满刮腻子的方法同墙面。

这样就完成了所有顶面、墙面和柱面的第一遍满刮腻子，养护 1 ~ 2d 待腻子层干透后即可进行砂磨腻子。

三、铲除第一遍腻子凸起物、砂磨、清理基层

1. 墙面、顶面等大面

在满刮第一遍腻子后，拐角处、腻子搭接处等地方常会留下一些腻子粉疙瘩和条状凸起物等。

一般情况下，一个 15m² 房间的 4 面墙，一个熟练工人从早上 7 时开始到下午 3 时即可满刮一遍腻子，在气温高、不下雨的情况下，第二天早上即可用铲刀铲除较大的凸起物并清理基层，方法如图 4-72 所示。若遇阴雨天需等天晴腻子层干透方可施工。

① 清铲顶棚大面处。
② 清铲顶棚拐角处。
③ 清铲顶棚阴角线处。
④ 清铲墙大面。

图 4-72　铲除第一遍腻子凸起物、清理基层

腻子层干透后，即可进行砂磨。如果腻子层较平整且凸起物细小，只需清铲凸起物而无须全面砂磨。如清铲后凸起物还较为明显且数量众多，则需要砂磨腻子层，大面积墙面可以用电动打磨器打磨，具体方法见图 4-17a，小面积和阴角等处可以用夹纸板夹 180 号耐水砂纸对墙面、顶面、阴阳角进行全面砂磨，要求用力砂磨高出部分，使大面较平整，无疙瘩等凸起物，但注意不要磨穿腻子层漏出水泥砂浆；砂磨过程中要及时更换砂纸，边进行砂磨边用刷子清理。下面介绍砂磨的具体方法：

（1）准备耐水砂纸　将耐水砂纸折裁成需要的形状，以便放入夹纸板中，方法如图 4-73 所示。

（2）夹纸板夹耐水砂纸　用夹纸板将剪裁好的砂纸夹牢、夹紧，以方便砂磨，具体方法如图 4-74 所示。

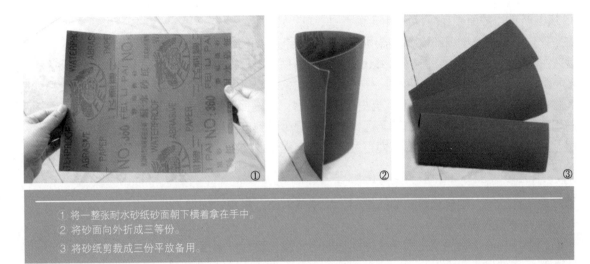

① 将一整张耐水砂纸砂面朝下横着拿在手中。
② 将砂面向外折成三等份。
③ 将砂纸剪裁成三份平放备用。

图 4-73　折裁耐水砂纸

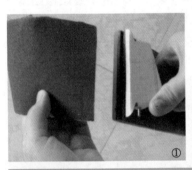

　　① 左手拿起剪裁好的一小张砂纸，砂面朝上拿着一端；右手套握夹纸板把手，同时大拇指用力下按打开白铁皮大夹子。
　　② 将耐水砂纸的一端塞进夹子口内，调整砂纸位置与板边保持平行，松开大拇指，夹住耐水砂纸的一端。
　　③ 将夹纸板调转 180°，右手套握住夹纸板把手，同时用大拇指用力下按打开另一个白铁皮大夹子，左手捏住耐水砂纸的另一端，拉紧绷平后塞进夹子口内，夹住耐水砂纸的另一端。

图 4-74　夹纸板夹耐水砂纸

　　（3）砂磨　操作人员先戴上口罩、帽子、防护眼镜等，即可用装好的夹纸板砂磨。不同部位的砂磨如图 4-75 所示。

　　① 砂磨墙面时先从光线较暗的一角开始，迎着光线向另一角砂磨，边砂磨边用棕毛刷清理灰尘。迎着光线可以看清楚基层上的高低。
　　② 房间顶面砂磨时应迎着光线从有灯泡的中部位置砂磨至墙角。

图 4-75　夹纸板夹耐水砂纸砂磨墙顶面

　　砂磨后用棕刷清掸浮尘，并目测检查基层，如有局部漏砂或接茬、流坠等突出部分未砂平，应进行局部砂磨直至满足施工要求。

2. 顶棚阴角、柱面阳角、墙面阴阳角

这些部位的砂磨属于细部砂磨，需用手握砂纸砂磨。砂磨前将整张砂纸一裁为四，每块对折后用拇指及小指夹住两端，另外三指摊平按在砂纸上。在造型顶棚阴阳角、柱面阳角、墙面阴阳角等凹凸区和棱角处的物体表面，机动地来回打磨。砂磨时，要根据砂磨对象，利用手中的空穴和手指的伸缩随时变换砂磨。

大柱面应用夹纸板夹砂纸砂磨，方法同墙面砂磨；小柱面砂磨时，应该手握砂纸，运用手掌两块肌肉紧贴墙面以检查基层平整度，由近至远推进，砂磨时做到磨检同步。

磨平、清理干净所有基层面后，即可刮抹第二遍腻子。

四、水泥砂浆抹灰面刮抹第二遍腻子

第二遍刮抹腻子，同样也是先刮抹细部，后刮抹大面，再刮抹细部。

1. 水泥砂浆抹灰面顶棚

水泥砂浆抹灰面顶棚的施工顺序是先刮顶棚阴角线，后刮抹大面。

（1）刮腻子前准备

1）刮抹腻子前需再次检查已使用一段时间后的白炽灯、登高脚手架、各处的美纹纸裱贴情况、电动搅拌器、工具、用具等是否符合施工要求，检查材料是否够用。

2）检查判断顶棚基层平整度。如果顶棚还不平整、尺寸偏差较大，则必须使用铝合金刮尺再满刮乳液石膏腻子一遍；如果顶棚抹灰基层相对平整，只需用塑料刮板（或钢抹）满刮即可。目前工地上的顶棚质量较好，一般只需用塑料刮板（或钢抹）满刮即可。

（2）腻子的配料、比例及配制方法　同大面积抹灰墙面的第一遍用乳液滑石粉腻子。

（3）满刮腻子　具体施工方法如图 4-76 所示。

①　从阴角开始刮抹到施工最左限。

②　从施工最左限顺抹阴角腻子到拐角。

③　运用横平刮抹法进行顶棚大面积刮抹。

④　运用横平刮抹法进行顶棚大面积顺抹。

图 4-76　平顶满刮第二遍腻子

重复图 4-76 所示操作，直至完成所有平面顶棚第二遍腻子的刮抹。

2. 水泥砂浆抹灰面大面积墙面

1）刮腻子前准备。第一遍腻子砂磨后，如果基层基本达到石膏板样的平整度，就可以选择钢抹；如果基层局部还有明显的凹凸不平，则需选择塑料刮板。

2）腻子的配料、比例及配制方法同大面积抹灰墙面的第一遍用乳液滑石粉腻子。

3）满刮腻子。要求先刮抹阴角线，后大面积墙面，自上而下一气呵成。具体方法如图 4-77 所示。

4）清理工具。经过多次配腻子和重复刮抹、清理工具，完成所有墙面第二遍腻子的刮抹。

① 横、竖向刮抹法相结合，使用钢抹用力刮抹以确保两遍腻子的有效黏结，确保腻子薄且平。
② 使用钢抹用力顺抹腻子。
③ 施工过程中，要及时清除混入腻子层中的粉疙瘩。

图 4-77　墙面满刮第二遍腻子

3. 柱面

先刮抹阳角，后刮抹大面。

（1）柱子阳角修整、找平　通过修整、找平柱子阳角使其垂直、方正。

1）刮腻子前准备。选用 2m 长边缘直顺的铝合金靠尺一根，或 1.5m 长表面光滑、边缘直顺的干白松木条，以及塑料刮板和铲刀。

2）腻子的配料、比例及配制方法同石膏板嵌缝选用的石膏粉乳液腻子。

3）刮腻子。具体方法如图 4-78 所示。

在一人配制腻子的同时，另一人将靠尺贴在柱子的一条阳角线处，对齐该阳角线的最凸点，并以此为基准调整靠尺至铅垂后静止不动。

将带有腻子的刮板紧贴着靠尺自上而下匀速平移刮抹两三下后，接着进行下一处，直至刮抹完整根靠尺。静置 1min 后轻轻拿开靠尺并清理干净，则柱面上就会留下较为平整的腻子层。

图 4-78　修整、找平柱面阳角

通过配腻子、重复图 4-78 所示刮抹工序、清理工具，完成一个阳角线的修整、找平。用同样方法完成所有柱子阳角线的修整、找平。

（2）柱子大面　刮抹工序、施工方法与步骤同墙面刮抹方法。

五、水泥砂浆抹灰面砂磨第二遍腻子

为确保高质量完成乳胶漆刷涂施工，要求基层必须更平整、阴阳角更顺直方正，因此该遍腻子的砂磨应在"小太阳"灯或白炽灯的照射下进行。墙面、顶面上局部的凹凸不平及其阴阳角线的不顺直、方正等缺陷会在灯照下非常清楚地显现出来，此时就可以有针对性地进行砂磨。具体施工步骤如下所述。

1. 砂磨前准备

除已经准备好的必要工具、用具，操作人员佩戴好口罩等防护用具外，还需准备如图4-79、图4-80所示的工具和照具。砂磨块适合砂磨细小的阴角处。如图4-80所示的照具适用于面积较大、层高较高的墙面砂磨；对于小面积墙面，只需左手拿着灯头使白炽灯泡朝上即可。

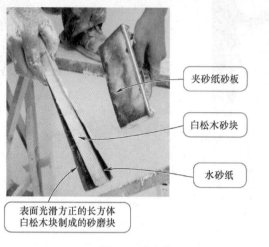

夹砂纸砂板

白松木砂块

水砂纸

表面光滑方正的长方体
白松木块制成的砂磨块

图4-79 砂磨块

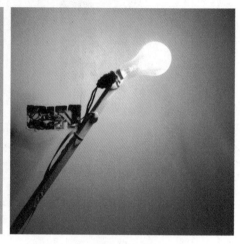

足够长的2.5mm² 护套线配上螺口灯头，在灯头上悬紧200W白炽灯泡，并将其绑扎在细毛竹杆上。

图4-80 辅以砂磨用的照具

2. 砂磨

1）墙、顶大面积砂磨。方法如图4-81所示。

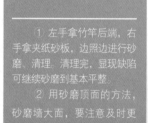

① 左手拿竹竿后端，右手拿夹纸砂板，边照边进行砂磨、清理。清理完，显现缺陷可继续砂磨到基本平整。
② 用砂磨顶面的方法，砂磨墙大面，要注意及时更换砂纸。

①

②

图4-81 墙、顶大面处砂磨第二遍腻子

2）墙、顶角处砂磨。方法如图4-82所示。

① 用水砂纸包裹紧砂磨块，砂磨时将砂磨块平放贴紧在阴角处，用力来回拖动砂磨块以砂磨阴角。
② 用同样方法砂磨顶角线与墙面的阴角，边灯照边进行砂磨、清理直到砂磨完所有阴角。

①

②

图4-82 墙、顶角处砂磨第二遍腻子

六、水泥砂浆抹灰面局部找刮腻子、砂磨第三遍腻子

1. 第三遍局部找刮腻子

（1）顶面刮抹腻子　顶面刮抹腻子的施工工艺为刮抹前准备→配制腻子→顶面刮抹。

1）刮抹前准备。选用"小太阳"灯或 200W 白炽灯、塑料刮板、铲刀。

2）配制腻子。腻子的配制比例、方法同第二遍腻子。

3）顶面刮抹。在面积不是太大、顶棚光线比较充足的情况下，只需逆光进行第三遍局部找平即可；当面积较大时，采用灯照施工，直至完工。

（2）墙面刮抹腻子　刮抹完顶棚，可接着刮抹墙面腻子。墙面刮抹腻子是在灯泡的平行强光照射下完成的，是选用"小太阳"灯还是 200W 白炽灯，要根据基层情况来定。

长 5m 左右、面积不大的墙面，在刮腻子前，可先将"小太阳"灯立在即将刮腻子的墙面一端，或左手拿 200W 白炽灯，且让灯泡尽可能远离自己但要侧照在墙面上。这时被照射的墙面上会清晰地显现出局部的凹凸不平。因此，只要在阴影处适当加厚腻子层即可完成修补、找平刮腻子的工作，但要以1mm 以内为宜，不可过厚。若此时的墙面还存在阴影，则可通过第四遍刮腻子来解决，直至在灯光照射下墙面上不存在阴影为止。

很长、很高且面积大的墙面，"小太阳"灯发出的光线不可能照全整个墙面。因此，应在第三遍刮腻子前，用左手拿照具，边照边进行修补、找平刮腻子，如图 4-81 所示，直至灯光照射下墙面上不存在阴影即可。

（3）阴、阳角处刮腻子　阴、阳角处刮腻子是使阴、阳角更加顺直、方正的一道工序。

1）墙面阳角处刮腻子的施工方法及步骤如下：

① 刮抹前准备。除刮抹腻子必备的工具、用具外，还要选用小钢片刮板、铲刀灯工具。

② 腻子配料、比例及配制方法。用 901 胶∶石膏粉 =1 ∶ 2.5 的配合比，将其拌和成石膏乳液腻子，配制方法与步骤见嵌缝腻子的配制。

③ 刮抹腻子。方法如图 4-83 所示。

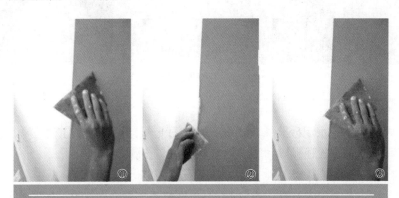

① 在小钢板右角上备足量的石膏乳液腻子，并将腻子刮抹、填平在有局部凹陷的阳角线边的一面墙上。

② 在阳角线边的另一面墙上，将刮板中部轻轻地贴靠在阳角上。不能用力过猛，否则会碰掉刚刮抹上墙的腻子。

③ 沿着阳角线稍用力、匀速地向右下拖动刮板，直到刮板左角刮抹掉阳角线上最后一点腻子后，在刮抹处再顺刮二板，即可清理刮板。刮板干净后，用它在阳角线的两面墙上再自上而下顺刮各一次。

图 4-83　墙面阳角刮抹第三遍腻子

如果此时的阳角还不垂直、方正，就必须重复上述操作，直至达到目的。

通过上述的刮抹、修整，原本不垂直、方正的阳角变得垂直、方正了。施工前后的对比如图 4-84所示。

2）墙面阴角处刮腻子。使用小钢片刮板在有缺陷的地方进行局部刮抹，直至阴角垂直、方正。钢片刮腻子参见本项目中用塑料刮板刮抹阴角腻子的方法。

用上述方法完成其他墙面、柱面、顶棚阴阳角的第三遍刮腻子，直至施工结束。

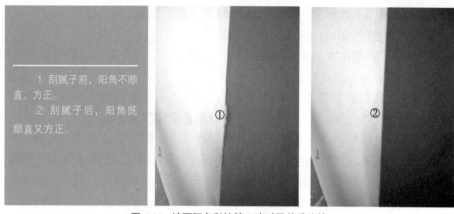

图 4-84　墙面阳角刮抹第三遍腻子前后比较

2. 第三遍局部腻子砂磨

只要辅于灯光用 800 号砂纸轻轻砂磨局部腻子至平整光洁即可，如图 4-85 所示。为确保涂料施工时不被污染，要用刷子除尘干净。

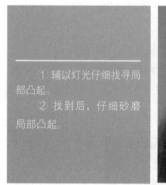

图 4-85　砂磨第三遍腻子

七、石膏板基层满刮腻子

目前，很多室内装修既有水泥砂浆抹灰顶棚，又有石膏板顶棚。在施工过程中，两者既有相同之处又有不同之处，下面介绍石膏板顶棚满刮腻子的施工方法与步骤。

图 4-86　检查石膏板时敲击外露钉

1. 刮腻子前准备

1）石膏板材基层表面较平整，墙角也较为垂直方正，刮腻子时只要用塑料刮板、钢抹与铲刀配合刮抹找平施工即可满足质量要求，但修整阴角线时要选用塑料刮板和铲刀；造型大面刮抹选择钢抹和铲刀。

2）基层再清理、处理的过程如下：

① 检查黑自攻螺丝有无脱落或凸出石膏板面的钉子，并将其敲进去后进行防锈处理，如图 4-86 所示。

② 检查已经进行防锈处理的其他钉眼，并做出正确判定，需要重新防锈的必须重做。

③ 检查绷缝处理是否全部合格，一旦有纸带起泡、脱落等现象，须揭撕下来重新进行绷缝处理。

2. 腻子配料、比例与配制方法

腻子配料、比例与配制方法同大面积抹灰墙面的第一遍用乳液滑石粉腻子。

3. 刮抹腻子

满刮第一遍腻子的方法如图 4-87 所示。刮腻子之前用砂纸砂平再处理的防锈漆或防锈腻子的流坠、疙瘩等，但不能砂磨透防锈漆膜而露出铁钉。满刮腻子时，要薄刮以遮住防锈漆为宜，并初步找平。

用钢抹备腻子刮
抹造型顶的下凸处。
用钢抹备腻子刮
抹造型顶的上凹处。

图 4-87 石膏板造型顶棚满刮第一遍腻子

4. 第一遍腻子砂磨

详见本项目中水泥砂浆顶面砂磨。

5. 第二遍刮抹腻子

施工前在紧靠顶棚下沿的墙面上，弹出一条基线，并以此为基准刮抹腻子，保证顶棚较为平整，符合施工质量要求。方法如下：

1）弹线盒装色粉，方法如图 4-88 所示。

① 色粉主要有红粉、黄粉、哈吧粉、黑粉，由于它们是很细的粉料，因此用红粉或黄粉来弹线会很容易清除掉。
② 打开弹线盒盖，用小纸片折成的小勺舀起红粉或黄粉，并将其装入弹线盒。

图 4-88 弹线盒装色粉

2）弹水平线。由于石膏板顶棚是找水平施工的，因此基层相对较平整，弹水平线方法如图 4-89所示。用同样方法在墙上弹出其他水平线。

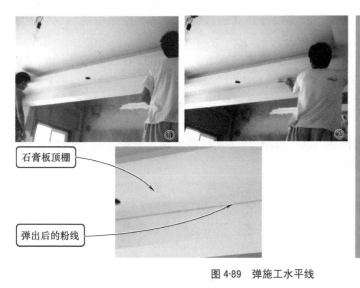

石膏板顶棚

弹出后的粉线

① 一人手拿色线在一个顶角尽可能紧贴顶角线，另一人在墙的另一个顶角处将粉线紧贴顶角线。绷平粉线检查顶角线直顺度、顶棚水平度。施工经验表明，粉线应靠紧在顶角线向下 1～2mm 的位置上。
② 绷平粉线后，一人用拇指和食指捏住粉线轻轻拉起并猛地松开粉线，这样就在墙上弹出一条粉线，即刮抹顶棚的施工水平基准线。

图 4-89 弹施工水平线

这种方法适用于小面积、短距离的基层。对于大面积顶棚，必须使用激光水平仪等高精度仪器来测定其施工的水平线。

3）刮腻子，方法如图4-90所示。

4）清理工具。

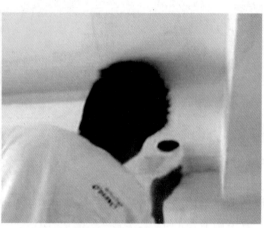

以弹出的水平线为基准线，用塑料刮板精细刮抹腻子，修整阴角至与水平线重合，使阴角顺直、方正。然后，用钢抹刮抹顶棚大面，完成满刮第二遍腻子。

图4-90 弹线后从阴角修整开始刮抹第二遍腻子

6. 第二遍腻子砂磨

方法同水泥砂浆抹灰面顶棚第二遍腻子砂磨。

石膏板基层较为平整，一般只需刮抹、砂磨两遍腻子即可满足施工质量要求。砂磨后刷子除尘，等待施涂乳胶漆。

工作过程六　乳胶漆刷涂施工

腻子层达到施涂乳胶漆施工要求后，即可进行乳胶漆的刷涂施工。

一、白色乳胶漆刷涂施工（墙、顶、柱面、构造收口处）

1. 施工前乳胶漆质量再检验、内墙基层复查等

（1）乳胶漆质量再检验　施工前，还需打开容器检验其质量，可以用下列方法：

1）打开容器，用一根洁净木辊搅拌乳胶漆以鉴别其质量，搅拌后观察是否均匀，有无沉淀、结块和絮凝的现象；若有以上现象，即为质量不合格。

2）通过直接观察乳胶漆的外观来鉴别涂料黏稠度，如看到涂料出现胶状体或结块的现象，表明可能出现增稠现象，需要稀释才能使用。

（2）内墙基层复查　在涂饰之前，还必须对基层等进行认真复查，确认是否符合乳胶漆施工的要求。包括以下内容：

1）检查基层是否有潮湿与结霜发霉现象。墙面潮湿和结霜发霉是影响涂料涂饰质量的首要因素。如有发霉现象，应采用稀释的防霉剂冲洗。

2）检查基层是否有丝状裂缝。由于水泥砂浆基层的干燥收缩，裂缝仍然会在干燥的腻子层面上出现，若高级平滑施工或此类裂缝较为严重，必须再次补腻子及打磨平整。

一定要先刷聚酯漆并保持通风三天后，再刷乳胶漆，否则乳胶漆易变黄。

2. 乳胶漆配料

1）乳胶漆使用前，须进行充分搅拌均匀，使用过程中也需不断搅拌乳胶漆，以防止其出现厚薄不均、填料结块、色泽不一致的情况。

2）黏度偏大时，可适量加入自来水稀释，但每桶的加水量要一致，否则会造成遮盖力的差异。除合成树脂乳液砂壁状涂料严禁加水外，其他可用自来水稀释新购涂料，也可用配套稀释液稀释。一般可加漆量的 20% ~ 30%，但要根据涂料的稀稠度以适量为主。

3）当乳胶漆出现稠度过大或因存放时间较久而出现增稠现象时，可通过搅拌降低稠度使其成流体状再使用；也可掺入不超过 80% 的专用稀释剂，同时参照其使用说明，特别是有色彩的配料更需一次配足。

总之，刷涂以自如为准。黏度太小容易流淌，同时降低乳胶漆的遮盖力；黏度太大刷涂费力，且漆膜过厚，干燥过程中容易起皱且费时。使用新漆刷乳胶漆时要稀些；毛刷用短后，乳胶漆可稍稠些。

3. 施涂第一遍乳胶漆

（1）在无造型平整墙面上刷涂　对于无造型平整墙面，刷涂时应遵循"先上后下、先左后右、先难后易、先线脚后大面、先阳台后墙面"的施涂原则。刷涂面积较大墙面时，为取得均匀一致的效果，应先上后下再左右，先刷线脚等难施工的地方，再涂刷大面。整个墙面的刷涂运笔方向和行程长短均应一致，接槎最好在分格处。常采用刮板刮压配合滚涂、刷涂施工，乳胶漆可稍稠些。施涂方法、步骤如下：

1）新羊毛刷在使用前必须再处理：将毛刷在手掌和竖起的手指上来回刷几次后，再用手指来回拨动笔毛，使未粘牢的羊毛掉出，并拽出未完全脱落的羊毛，如图 4-26 所示。

2）使用前，应按如图 4-91 所示的方法处理刮板。

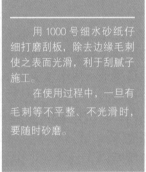

用 1000 号细水砂纸仔细打磨刮板，除去边缘毛刺使之表面光滑，利于刮腻子施工。

在使用过程中，一旦有毛刺等不平整、不光滑时，要随时砂磨。

图 4-91　砂磨塑料刮板

3）正确握刷。第一遍面漆，先用排笔刷涂，接着进行刮涂施工。涂刷前应掌握手握羊毛刷的方法，正确握刷，如图 4-92 所示。

① 第一种方法：将羊毛刷放置在拇指与其他手指之间，并使羊毛刷的手柄靠住虎口，而后伸直拇指和其余四指紧握羊毛刷刷柄，把羊毛刷夹在虎口内。大拇指捏住羊毛刷刷柄一面的中间部位，其余四指并拢捏住羊毛刷刷柄的另一面。
② 第二种方法：用右手捏住羊毛刷刷柄的顶部，一面用大拇指，另一面用其他四指，形成拳头状。

图 4-92　羊毛刷的正确握刷法

4）蘸料并施涂。先涂刷不易被见到的墙角或门后等部位，并随时捏掉涂在墙面上的毛发。因为用处理后的新羊毛刷涂刷时，仍然会出现少量掉毛现象。等刷到不再掉毛时，再刷易见部位或墙的大面、重要部位等。

① 蘸料：左手拿装有乳胶漆的料桶，右手握羊毛刷，采用如图 4-92 所示的第二种握刷法蘸乳胶漆。羊毛刷伸入料筒时，则要把大拇指略松开一些，蘸足乳胶漆后捏紧羊毛刷手柄将其提出并在容器边轻轻地拍两下，使乳胶漆液集中在笔毛头部，并轻微垂直向下抖动两三下，使多余的乳胶漆滴回料筒中。

② 施涂：先刷涂，接着进行刮涂，方法如图 4-93 所示。刷涂时要求饰面平整；刮涂的目的是使乳胶漆有效黏结在腻子层上，确保涂层均匀、光滑。

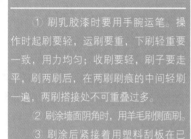
① 刷乳胶漆时要用手腕运笔。操作时起刷要轻，运刷要重，下刷轻重要一致，用力均匀；收刷要轻，刷子要走平，刷两刷后，在两刷刷痕的中间轻刷一遍，两刷搭接处不可重叠过多。
② 刷涂墙面阴角时，用羊毛刷侧面刷。
③ 刷涂后紧接着用塑料刮板在已刷的乳胶漆面上刮压。
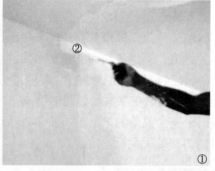

图 4-93 平整墙面上施涂乳胶漆

运用上述方法一片一片地刷涂和刮涂施工，直至完成任务。

（2）在既有一般造型面又有平整大面的墙面上刷涂　一般情况下，对既有一般造型面又有平整大面的墙面刷涂，应先刷涂造型处，后刷涂平整大面。造型处应自上而下刷涂，即先刷涂造型处上部平整墙面乳胶漆，当刷涂到有造型的墙面时，先从造型处施涂，再向造型处旁边墙面施涂。

施涂一般造型墙面时，造型处采用滚涂和刷涂配合施工，造型处旁边墙面采用滚（刷）涂和刮压配合施工，乳胶漆可稍稠些。

1）清扫基层。用棕毛刷再次清扫一遍造型处的大面与缝隙深处，不要漏扫任何部位，方法如图 4-94 所示。

① 平刷清扫造型处大面。
② 侧刷清扫造型缩缝深处。

图 4-94 清扫墙面造型处

2）造型处上部平整墙面。平整墙面的施涂如图 4-93 所示。

3）造型处墙面、阴阳角等。一般采用先滚涂再刷涂的施工方法。

滚涂时，用辊筒蘸足乳胶漆在造型处大面上滚涂，如图 4-95 所示。这样，可以使乳胶漆比较均匀地涂布在基层上，但千万不可以在一个地方多次来回滚涂，否则会出现咬底现象。

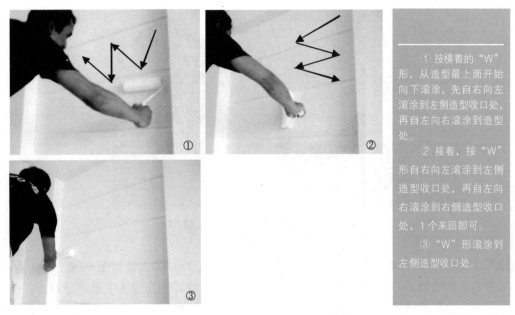

① 按横着的"W"形，从造型最上面开始向下滚涂，先自右向左滚涂到左侧造型收口处，再自左向右滚涂到造型处。

② 接着，按"W"形自右向左滚涂到左侧造型收口处，再自左向右滚涂到右侧造型收口处，1个来回即可。

③ "W"形滚涂到左侧造型收口处。

图 4-95　墙面造型处滚涂第一遍乳胶漆

刷涂时，应本着"自上而下、从左向右、先刷阴角再刷大面、边刷大面边侧刷缩缝"的刷涂原则，具体方法与步骤如图 4-96 所示。

① 左手拎料桶，右手拿羊毛刷，将羊毛刷蘸足乳胶漆。

② 在未滚涂到的顶侧面用羊毛刷正刷，并刷涂均匀。

③ 在未滚涂到的阴角线用羊毛刷侧刷，并刷涂均匀。

④ 侧刷缩缝深处，将滚涂时积留在缝隙深处的乳胶漆蘸干、刷匀。最后，刷匀大面。

图 4-96　墙面造型处刷涂第一遍乳胶漆

重复上述工序，完成造型墙面第一遍乳胶漆的施涂。

4）滚涂和刮涂配合施工造型处旁边墙面。采用滚涂和刮涂配合施工，施工方法如图 4-97 所示。

5）工具的清洗与养护。包括羊毛刷、辊筒、容器的清洗与养护。

① 羊毛刷的清洗与养护：若第二天继续施工，则应在当天施工完后，用水冲洗干净，甩干将平刷毛，平放阴干即可，不应长期将羊毛刷浸在水中或乳胶漆内，否则会破坏毛刷；另一方法是将刷毛中的余料挤出，在溶剂中清洗两三次，将刷子悬挂在盛有溶剂或水的密封容器里，将刷毛全部浸在液面以下，但不要接触容器底部，以免变形。若长期不用，必须彻底洗净，晾干后用油纸包好，保存于干燥处。

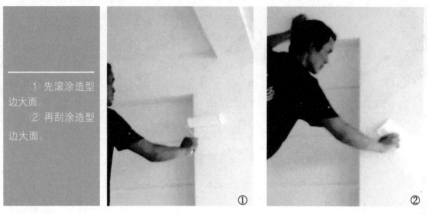

图 4-97　造型处边墙面施涂第一遍乳胶漆

② 辊筒、容器的清洗与养护：若第二天继续施工，清洗与养护的方法如图 4-98 所示；另一方法是将辊筒绒毛中的余料挤出，在溶剂中清洗两三次，甩干溶剂后将其挂在空桶中盖好桶盖。容器也不必清洗，只要用干净的塑料薄膜遮盖严实即可。当一项工程完工后，必须彻底洗净辊筒，特别要注意将其绒毛深处的乳胶漆清洗干净，否则会使绒毛板结，导致辊筒报废。清洗方法如图 4-99 所示。

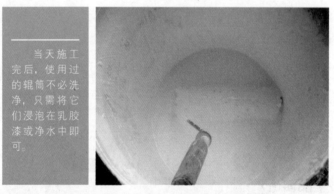

图 4-98　第二天接着施工时辊筒的清洗与养护

图 4-99　一项工程施工结束时辊筒的清洗

辊筒清洗完毕后甩干筒套，或悬挂起来晾干，以免绒毛变形。干燥后把筒套的绒毛弄松，以免存放时绒毛互相缠结。存放时用牛皮纸将筒套包裹起来，牛皮纸要比筒套稍宽，将多余部分塞到筒套里。也可用塑料布包裹，但要打孔使空气流通，以防发霉。筒套应直立存放，否则绒毛会压出痕迹。辊筒应在干燥的条件下存放，羊毛辊筒要注意防虫蛀；合成纤维或塑料的辊筒要注意防老化。

（3）施涂有复杂造型的墙面　参照一般造型墙面的施涂方法进行施涂，但造型细部只能用羊毛刷仔细地刷涂。

4. 砂磨第一遍乳胶漆

为保证第一遍乳胶漆表面的光洁、平整，为更好地涂刷面漆提供条件，一般情况下，施工时间为3h后（25℃时）或8h后（10℃时），可用800号以上细水砂纸打磨底漆，潮湿、低温天气要隔天打磨。打磨时不要使用打磨器，以手工轻握轻擦砂平刷痕，否则会砂破漆膜，影响质量。所以，要认真仔细地打磨，且不要有漏磨的地方。打磨方法同顶棚阴阳角、柱面阳角、墙面阴阳角处砂磨。阴角、缩缝处砂磨时，应将砂纸对折后将折痕处深入缝隙内仔细地轻轻砂磨。磨平后用刷子和除尘布擦拭干净。

5. 局部修补腻子

砂磨第一遍乳胶漆过程中，在一些拐角处会发现一些细小的缺陷或砂磨露腻子层，这时需要用腻子进行局部修补，如图4-100所示。

图4-100 砂磨第一遍乳胶漆后局部修补腻子

6. 施涂第二遍乳胶漆

施涂第二遍的乳胶漆可稍稀些，以保持良好的流平度；乳胶漆过稠会在刷涂后的面层上留下明显的刷痕，过稀则会形成面层上的流坠。

1）施涂平整墙面。采用辊筒和羊毛刷配合施工，方法如图4-101所示。

① 先用辊筒蘸足乳胶漆滚涂墙面至一定面积。

② 接着，用蘸有少量乳胶漆的羊毛刷排刷滚涂后的乳胶漆面层，这样可使乳胶漆层更加均匀、厚薄一致。

图4-101 墙面施涂第二遍乳胶漆

2）施涂有造型墙面。施涂方法同施涂有造型墙面第一遍乳胶漆。

7. 砂磨第二遍乳胶漆

第二遍乳胶漆干燥后，用1000号细水砂纸仔细打磨第二遍乳胶漆，不能磨露腻子层。磨平、磨光滑后用除尘布擦拭干净乳胶漆面层。

8. 施涂第三遍乳胶漆

施涂第三遍乳胶漆可稍稀些，应用质量好的羊毛刷仔细排刷（注意不要留下明显刷痕），完成所有墙面刷涂。

二、彩色乳胶漆刷涂施工

施涂彩色乳胶漆的方法及工具使用和维护与白色乳胶漆基本相同，不同的是基层腻子、乳胶漆质量优劣的鉴别和配制方法。

1. 基层腻子

使用白水泥乳液腻子或高档乳胶漆配备专用内墙补土。其配料及配合比例详见本项目工作过程五。

2. 彩色乳胶漆质量优劣的鉴别

除选购有质量保证书的产品外，还要在施工前打开料桶后再次鉴别其质量。

（1）看水溶 彩色乳胶漆在经过一段时间的储存后，其中的花纹粒子会下沉，上面会有保护胶水溶液。这层保护胶水溶液，一般约占多彩涂料总量的 1/4 左右。凡质量较好的彩色乳胶漆，保护胶水溶液呈无色或微黄色且较清晰；质量较差的彩色乳胶漆，保护胶水溶液呈混浊状，明显地呈现与花纹彩粒同样的颜色，其主要问题不是彩色乳胶漆的稳定性差，就是储存期已过，不宜再使用。

（2）看漂浮物 凡质量好的彩色乳胶漆，在保护胶水溶液的表面通常没有漂浮物，即使有极少的彩粒漂浮物，也属正常；若漂浮物数量多，彩粒布满保护胶水溶液的表面，甚至有一定厚度，就属不正常，表明这种彩色乳胶漆质量较差。

3. 配制的比例及方法

彩色乳胶漆，如稠度较大，应根据施工说明加水或用专用稀释剂稀释，一般加水量为涂料的 10% 以内，每桶加水量要一致；在使用前要充分摇动容器，使其充分混合均匀，然后打开容器，用木棍充分搅拌。注意不可使用电动搅拌器，以免破坏多彩颗粒。

工作过程七　乳胶漆刷涂饰面质量缺陷与整修

乳胶漆施工完，业主验收前，施工人员需要按乳胶漆刷涂饰面质量验收标准检查饰面是否有缺陷，并进行交付前必要的整修。

1. 涂层表面起皮

1）特征。如图 4-102 所示。

涂饰表面乳胶漆面层与腻子层剥离，并开裂上翘。

图 4-102　涂层表面起皮

2）原因。涂层表面起皮的原因大致如下。

① 基层太光滑或不洁净，有油污、尘土或隔离剂未清除干净，或涂刷了互不相溶的底油、底胶等，使乳胶漆附着不牢固。

② 涂层刷得较厚，乳胶漆胶黏力又低。

③ 腻子黏结强度不够，涂层胶性又大，造成外坚里松，涂膜在有温差或潮湿不均情况下，表层开裂而起皮。

3）预防措施与缺陷整修。具体做法如下。

① 施工前，如基层太光滑，为了增加其附着力，可用粗砂纸打磨细小刷痕，然后清理干净；如有油污或隔离剂等，应用合适溶剂或 5% ～ 10% 烧碱溶液涂刷一两遍，再用清水冲洗净；若刷底漆或底胶，需要互相配套且材料性能必须与其相容；根据不同基层选用不同腻子，要求腻子与乳胶漆黏结强度能相互适应，不得有外坚里松的现象。

② 施工时，注意涂层不宜过厚。

③ 施工后，如出现涂层表面起皮的缺陷，应分析其产生原因，铲除脱皮及腻子，并进行必要的修补、砂磨后，再重新刷涂整面墙。

2. 刷涂涂层流坠

1）特征。如图 4-103 所示。

2）原因。刷涂涂层流坠的原因大致如下。

① 基层或刷涂层面潮湿，难以吸附材料。

② 刷涂层厚薄不均。

③ 乳胶漆太稀。

3）预防措施与缺陷整修。具体做法如下。

① 施工前，按施工要求对基层、腻子层进行检查，并保证其完全干燥后，遵照施工说明，按正确比例加水调配乳胶漆，并保证乳胶漆的稠度适中。

② 施工时，用刷力度要均匀，防止刷涂层厚薄不均，并时刻搅拌稀释后的乳胶漆，以防止乳胶漆出现沉积而导致上下层稠度不一致。

③ 施工后，如出现流坠现象，应轻轻地铲平流坠，并用细砂纸打磨平整后，再重新刷涂一遍整面墙。

3. 涂膜干裂

1）特征。如图 4-104 所示。

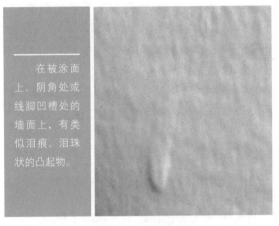

在被涂面上、阴角处或线脚凹槽处的墙面上，有类似泪痕、泪珠状的凸起物。

图 4-103 流坠面层

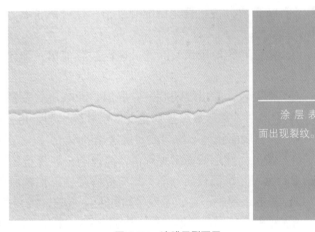

涂层表面出现裂纹。

图 4-104 涂膜干裂面层

2）原因。涂膜干裂的原因大致如下。

① 涂膜硬度过高，柔韧性较差。

② 涂膜质量不好，其中催干剂或挥发性物质过多，使涂膜干燥或影响成膜的结合力。

③ 涂层过厚，未干透。

④ 受大风吹袭或有害气体（二氧化硫、氨气等）侵蚀。

3）预防措施与缺陷整修。具体做法如下。

① 施工前，选择质量有保证的乳胶漆。

② 施工时，每遍涂层不应过厚且厚薄均匀；大风时不应施工；室内施工时，如遇穿堂风应关闭门和窗户（溶剂性乳胶漆施工时应通风）；避免有害气体侵蚀。

③ 施工后，如出现涂膜干裂现象，应铲除乳胶漆，重新按施工规范进行涂饰施工。

4. 乳胶漆表面咬底

1）特征。如图 4-105 所示。

2）原因。乳胶漆表面咬底的原因大致如下。

① 腻子层粉料过多、胶水少，黏性不够，一旦乳胶漆黏性偏大，就会造成涂层咬底。

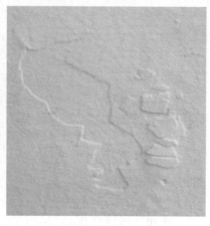

第二遍乳胶漆把第一遍的涂膜涨裂、咬起，并被辊筒带走，面层上露出腻子层，形成一小片凹陷。被咬起后的涂膜则被滚涂在凹陷旁的面层上。

图 4-105　咬底面层

② 第一遍乳胶漆未完全干透就滚涂第二遍，当辊筒滚过该处时会被粘起至辊筒上，形成咬底缺陷。

③ 反复滚涂一个地方，由于滚涂次数过多、时间过长造成底层乳胶漆湿润，再次滚过时会带走被浸湿的底层乳胶漆而形成咬底。

3）预防措施与缺陷整修。具体做法如下。

① 施工前，按正确比例配制腻子，保证腻子有足够的黏结强度；充分搅拌乳胶漆至适当稠度（不稠不稀）。

② 施工时，要确保滚涂第二遍乳胶漆前第一遍已完全干透；不能反复滚涂一个地方，滚涂时间不能过长。

③ 施工后，如出现咬底，应局部铲除咬底处及周围松散处，并继续施涂第一遍乳胶漆至墙面；待第一遍干透后，在咬底处按质量要求修补腻子与涂层齐平、咬合，待干燥磨平后施涂第二遍乳胶漆。

5. 饰面表面色泽不均匀或有接槎出现

1）特征。涂层表面出现颜色、光泽不一或接槎刷痕明显的情况。

2）原因。饰面表面色泽不均匀或有接槎出现的原因大致如下。

① 基层干湿不一致，导致吸附乳胶漆不匀，或受气候影响。

② 乳胶漆非同一厂家、同一批号产品，质量不一；施工时乳胶漆未再搅拌均匀，稠度不稳定。

③ 基层材料差异。如混凝土或砂浆龄期相差悬殊，湿度、碱度有明显差异。

④ 基层处理差异。如光滑程度不一，有明显接槎、光面、麻面等差异，涂刷乳胶漆后，由于光影作用，墙面颜色显得深浅不均。

⑤ 施工接槎未留在分格缝或阴、阳角处，造成颜色深浅不一致。

⑥ 由于脚手架等遮挡、视线不良或反光造成操作困难而影响质量。

3）预防措施与缺陷整修。具体做法如下。

① 施工前，检查基层，要保证干湿一致，若局部基层面不干又急于施涂时，必须采取热风吹干措施，使整个基层面干燥程度基本一致，再涂刷一道底胶封闭基层表面，使吸附乳胶漆的能力及条件一致；处理基层，要保证光滑程度一致，无明显接槎等；要保证基层材料湿度、碱度无明显差异；选用同一厂家、同一品种、同一批号的乳胶漆。

② 施工时，要选择较好的天气和环境施工；要经常对乳胶漆进行搅拌，保持乳胶漆稠度一致；如乳胶漆需进行稀释、掺其他物料，或采用双组分乳胶漆等需要在现场调配，必须准确按配合比进行称重和搅拌均匀，并按乳胶漆表干时间内正常用量一次配足，尽量减少调配次数；脚手架或其他物体影响施涂光线或视觉时，应改善施涂操作环境后再施工。

③ 施工后，如出现色泽不均匀，应判断原因，并进行必要的清理修补，选用同一厂家、同一品种、同一批号乳胶漆，重新施涂满墙面一遍或两遍，直至满意为止。

05 / 项目五
实木免漆地板、强化复合地板、实木复合地板、竹地板等现场安装施工

以往，地板经销商供货，装饰公司铺设，产生质量问题时双方互相推诿，最终受害的只能是消费者。所以，地板安装应由地板经销商负责，做到责权明确。装饰公司在施涂乳胶漆最后一遍（或墙纸裱糊）之前，地板经销商可以安排工人进行地板的铺设施工。

工作过程一　施工前的各项准备

一、装饰公司的准备

装饰公司将地面清理干净，停止一切现场施工，以便地板经销商安装木地板。已埋设在地坪里的管线，请在施工前标明具体位置，以防打眼时击穿或击坏管道。

二、地板经销商的准备

地板经销商在接到业主需要安装地板的电话通知后，根据业主提前订购的地板类型，准备地板主辅料，安排工人准备施工工具和用具，并按约定时间上门安装。

1. 实木免漆地板主料、辅料准备

（1）主料准备　按订购量备足木地板，可以多准备5%的地板搬运至施工现场，如图5-1所示。

（2）辅料准备　实木免漆地板需要配备的辅料主要包括：成品木龙骨（图5-2）、防潮膜（铝膜或白膜）（图5-3）、免漆实木踢脚板（图5-4）、T形扣或万能扣压条（图5-5）、成品桐油木楔（图5-6）、螺纹无头麻花地板钉（2寸或2.5寸）或防松地板钉（图5-7）、香樟防虫粉或香樟小木块（图5-8）、透明玻璃胶（图5-9）。

2. 强化复合地板或实木复合地板主料、辅料准备

（1）主料准备　按订购量备足强化复合地板或实木复合地板，要求多准备一些该类地板搬运至施工现场，如图5-10所示。

（2）辅料准备　强化复合地板需要配备的辅料包括：钢钉（固定高分子、密度板踢脚板）（图5-11）、T形扣（图5-5）、单边收口压条（图5-12）、高低收口压条（图5-13）、高分子踢脚板（或密度板、实

木多层踢脚板）及其连接配件（图 5-14）、防潮膜（白膜）（图 5-3）、玻璃胶（图 5-9）。

实木免漆地板就是在生产车间运用先进的油漆施涂设备处理的木地板。它表面效果好、漆膜质量好，可以直接在施工工地现场铺装使用，出厂前都已包装完成。

图 5-1　包装好的实木免漆地板

宜选用断面尺寸为 30mm×40mm 的烘干落叶松制成的成品木龙骨，每根长 4m，出厂前都已成捆包装。相比其他木材，落叶松握钉力好，木材自身强度高。

图 5-2　包装好的落叶松木龙骨

防潮膜是一种聚乙烯塑料发泡制品，铺在木地板下起到防潮作用。实木免漆地板常使用白色膜，铝膜则常用于地热地板。

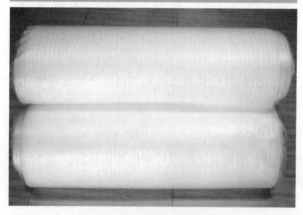

图 5-3　塑料发泡防潮膜

实木踢脚板是一种免漆实木制品，通常高 120~150mm。实木踢脚板应根据设计要求选择。正常情况下，最好选择与地板颜色、纹理相同或者相近的制品。

图 5-4　免漆实木踢脚板

平面收口压条分为万能扣（左图）和 T 形扣（右图）两种形式。材质分为铝合金、纯铜等。平面收口压条用于不同房间地板与地板间的连接收口处理，或地板与其他地面材料（花岗岩过门石）的过渡连接收口处理。

图 5-5　平面收口压条

桐油木楔是经过干燥处理、机械加工和桐油浸泡而成的。它大小均匀，不会生虫、腐烂，使用方便、价格便宜，能大大提高装潢效果和效率，从而使装潢质量得到保证。目前，有许多业主和装潢公司为了节约成本，利用装潢的边角废料和截断的木地板料头，刀砍斧劈制作成木楔。这些材料未经过任何处理，即使利用干燥处理的地板料头制作成木楔，由于其长期钉在水泥地面下和墙体内，因此一旦木楔腐烂，地板与地面和墙体的连接就会松动。相比之下，桐油木楔要比木工在施工现场自己制作的木楔更省钱、省时、省心。

图 5-6　成品桐油木楔

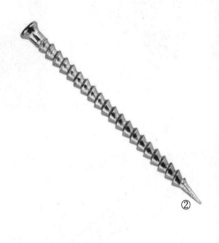

①　麻花（螺纹）地板钉是安装地板木龙骨和地板的主要紧固件，由于价格低廉，因此应用比较广泛。

②　防松地板钉是普通麻花地板钉的更新换代产品，采用锯齿状螺纹设计。

安装后的防松效果远胜于普通圆钢钉和麻花钉，但价格偏高，没有被广泛采用。

图 5-7　不同类型的地板钉

均匀撒落在木龙骨间，用于地板、木龙骨防虫蛀、霉变。

图 5-8　香樟防虫粉或香樟小木块

用于密实伸缩缝、固定实木踢脚板。

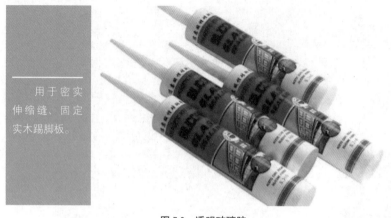

图 5-9　透明玻璃胶

图 5-10　包装好的复合地板

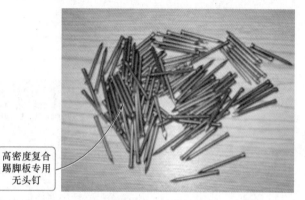

高密度复合踢脚板专用无头钉

图 5-11　钢钉

地板边缘和高出地板部分交接，如墙边、柜边或门收口边。

图 5-12　单边收口压条

覆盖连接地板与地面之间的地势差，防滑并保护地板边缘。

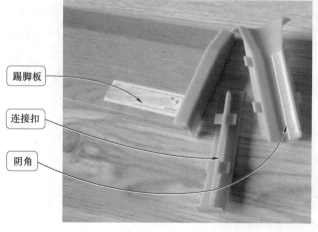

图 5-13　高低收口压条

踢脚板

连接扣

阴角

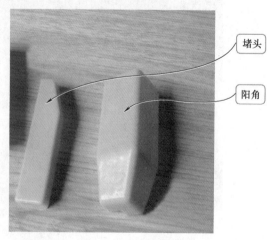

堵头

阳角

图 5-14　高分子踢脚板及其连接配件

除了不需要成品木龙骨外，实木复合地板需要配备的其他辅料同实木免漆地板。

地板经销商根据业主预定地板主材的品种数量，将上述所需主、辅料备足并发货搬运至施工现场，同时，施工人员还要准备好以下的工具和用具并将其带至施工现场。

3. 工具、用具准备

尽管不同类型的地板在不同使用场所下的铺设方法不同，但所用工具基本相同。

（1）手工工具、用具　锯子、尺子、手工刨子、墨斗、榔头、木工铅笔、拉线绳、钳子、凿子等。

（2）电动工具、用具　大功率电锤、电动手枪钻、手持木工切割机等。

（3）特殊工具、用具　搬钩、拉紧搬钩（用于搬紧地板间的连接），如图 5-15 所示；玻璃胶枪，如图 5-16 所示。

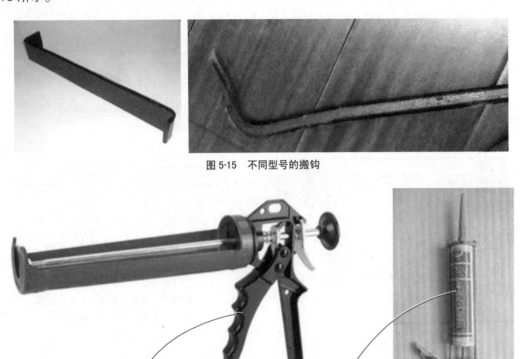

图 5-15　不同型号的搬钩

未装玻璃胶的玻璃胶枪

已装玻璃胶的玻璃胶枪

图 5-16　玻璃胶枪

施工工人带至现场的工具、用具，应有条理地摆放在既不影响施工又不远离施工的地方，如图 5-17 所示。

图 5-17　带至施工现场的主要工具、用具

4. 识读施工图

施工前,地板经销商安装工人需要了解施工的具体内容,并明确哪些地方需要铺设安装地板。规范的整套施工图中都包括地面铺贴图。

值得一提的是,不同地板有不同的铺设构造,安装工人必须知道不同地板的构造做法,以确保高质量铺设。楼地面实铺实木免漆地板构造如图 5-18 所示;楼地面悬浮铺设复合地板(复合实木地板)构造如图 5-19 所示;楼地面实铺实木免漆地板与过门石收口构造如图 5-20 所示。

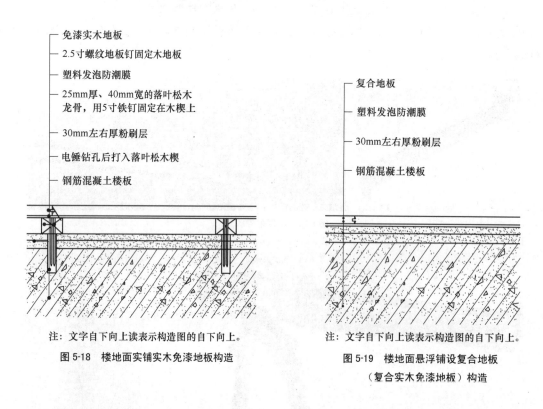

图 5-18　楼地面实铺实木免漆地板构造

图 5-19　楼地面悬浮铺设复合地板
(复合实木免漆地板)构造

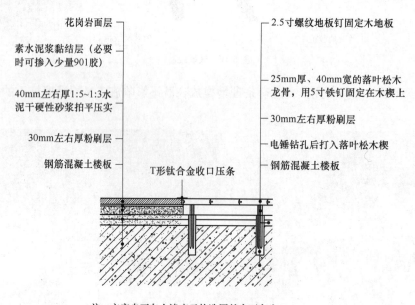

注:文字自下向上读表示构造图的自下向上。

图 5-20　楼地面实铺实木免漆地板与过门石收口构造图

工作过程二　不同类型地板的铺设施工

不同类型的地板有不同的铺设方法。目前，实木免漆地板和竹地板常选用木龙骨上钉接实铺和悬浮实铺，强化复合地板和实木复合地板常选用地面上悬浮铺设，强化复合地板和软木地板也可采用地面上直接粘贴铺设，具体如下。

一、实木免漆地板楼面实铺施工

实木免漆地板楼面实铺施工，就是先在地面上布设木龙骨，然后在木龙骨上铺设实木地板。通常来说，实木地板防潮要求高，更适宜在二楼以上的楼地面上铺设，而不适宜在一楼或地下室的地面上铺设，除非地面已做架空隔潮处理。

楼面实木免漆地板实铺施工时按"基层检查、清理、找平→丈量尺寸、弹画木龙骨布设线→钻孔、打入木楔→安装木龙骨、找平、刨平→安装实木免漆地板、找平→安装踢脚板→收口处理→养护"这几个工序进行施工的，具体工艺逻辑如下。

1. 基层检查、清理、找平

一个正规的地板品牌经销商都应该配有自己的安装施工队，并拥有齐全的专业测量工具能实地为业主进行安装前技术测量，如图 5-21 所示。如果测量数据不达标，应提示业主在日后的使用过程中通过加湿器或者开窗通风的方法来平衡空气湿度，从而达到标准量。

检查房间内的管道和阀门是否漏水，如有漏水情况要及时处理，再行铺装。铺装前要仔细地对地面进行清理、找平，如图 5-22 所示。

测量的数据应包括：地面平整度，标准为每 2m 的误差范围 ≤ 5mm；地面含水率，标准为 ≤ 20%；空气湿度，标准为 40%~80%。

图 5-21　实铺实木免漆地板前现场技术测量

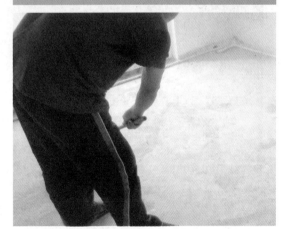

铲除地面凸起物，清扫地面，确保干净、干燥、稳定、平整，无浮土存在，以此确保实木免漆地板的安装质量。

图 5-22　实铺实木免漆地板前现场清理、找平

2. 丈量尺寸、弹画木龙骨布设线

（1）丈量尺寸　准确丈量是后续高质量施工的重要依据，如图 5-23 所示。

（2）弹画木龙骨布设线　大部分地面都不能确保绝对平整，为了保证实木免漆地板铺装后的水平，木龙骨就起到了地面找平的作用。另外，实木免漆地板不能直接铺在地面上，需要铺装木龙骨来增加实木地板的脚感。按设计要求、窗户主光线射入室内的方向、选购地板的长度，确定木龙骨弹线走向、木

龙骨间距，在地面上墨斗弹线，弹出龙骨铺设位置，如图 5-24 所示。

丈量施工现场具体尺寸，为木龙骨的锯割下料提高准确的尺寸依据，以免造成不必要的材料浪费，同时也为下道工序的弹线尺寸定位提供准确的数据。

图 5-23　丈量尺寸

①

②

③

① 常用实木免漆地板规格有标准板和非标准板。标准板有 900mm×92mm×18mm 和 910mm×92mm×18mm 两种。非标准板多指宽板、短板和长板等，如宽板规格有 910mm×122mm×18mm 等，长板有 1200mm×191mm×8mm 等。正常情况下，若选择 910mm 板，则木龙骨弹线间距为 303.3mm；若选择 900mm 板，则龙骨弹线间距为 300mm；确保每块地板搁在四根木龙骨上，地板接缝都在木龙骨上。

木龙骨的布设方向，一定要垂直于室内窗户主光线射入的方向，才能确保地板安装施工后，地板长边与窗户射入室内的光线为同一方向，这就是"顺光铺设"。地板的热胀冷缩变形在短边方向比长边方向明显，若短边方向与窗户射入室内的光线为同一方向，则地板铺设后，迎光看地板表面，就会看到波浪状的高低不平，从而影响装饰美感。

② 木龙骨布设方向确定后，需要确定安装木龙骨的钉距位置。正常情况下，要求钉距弹线≤300mm。

③ 木龙骨的布设方向和钉距方向的弹线形成十字交叉点，这是后续电锤打孔的位置。经验表明，木龙骨靠墙部分应距离墙面近些，或在设计宽度基础上加密一根龙骨，才能确保后续的高质量施工。

图 5-24　弹画木龙骨布设线

3. 钻孔、打入木楔

1）地面钻孔、打入木楔。在纵横线十字交叉点上，用电锤钻孔并清理灰尘，如图 5-25 所示。现场制作木楔，如图 5-26 所示。打入落叶松木楔至孔洞内，如图 5-27 所示。

若地面有找平层，可采用电锤钻孔的方法，钻头直径为 10~12mm，钻孔深度 ≤ 60mm，以免击穿楼板。钻孔时要垂直地面钻孔，若地面下有地暖等设施，千万不可用电锤钻孔，应采用悬浮铺设法。若一定要采用龙骨铺设，则可采用塑钢、铝合金龙骨等新颖龙骨；若一定要采用木龙骨铺设，则可将地暖管布设在木龙骨间，也可改用黏结剂粘结短木龙骨。

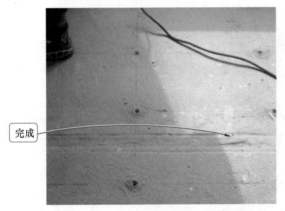

完成

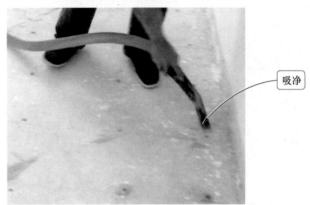

吸净

图 5-25　用电锤钻孔并清理灰尘

即便市场上有成品木楔出售，但出于种种原因，很多工人还是习惯现场制作木楔。首先根据钻孔深度用电锯锯割落叶松木龙骨，木楔段应长于钻孔深度；然后根据电锤钻孔孔径大小制作木楔，木楔直径应大于钻孔直径。

图 5-26　现场制作木楔

2）踢脚板处墙面钻孔，如图 5-28 所示；打入木楔，如图 5-29 所示。

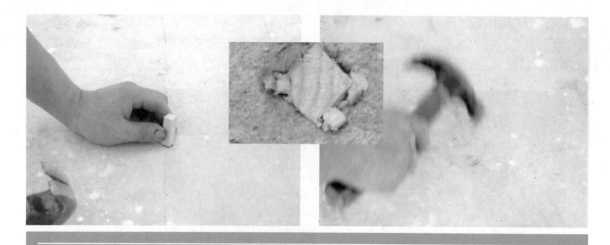

将木楔对正垂直钻孔，通过榔头用力将木楔打入钻孔，直至完全打入。

若打入的木楔仍然凸出地面，应斜侧榔头敲击外露地面的木楔，将其敲掉且与地面平齐。

图 5-27　地面钻孔内打入木楔

在踢脚板所在墙面上用电锤钻孔，钻孔位置高度为踢脚板高度的 2/3 处。

图 5-28　踢脚板处墙面钻孔

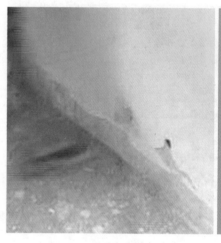

孔洞打入落叶松木楔，斜侧榔头敲掉外露墙面的木龙骨，使其与墙面平齐。

图 5-29　踢脚板处钻孔内打入木楔

4. 安装木龙骨、找平、刨平

（1）锯割木龙骨并沿线预排　如图 5-30 所示。

（2）木龙骨安装　正常情况下，应先安装沿边木龙骨，然后安装中间龙骨。

1）沿边木龙骨安装。具体步骤如下。

① 定位沿边木龙骨安装水平基准线，如图 5-31 所示。

② 小木块垫调、用地板小块检平沿边木龙骨，如图 5-32 所示。

③ 钉接安装沿边木龙骨一端，如图 5-33 所示。

④ 用上述方法，钉接安装沿边木龙骨另一端。

⑤ 沿边木龙骨上架设铺设水平线，如图 5-34 所示。

⑥ 依铺设水平线为基准调垫平整沿边木龙骨中间部位，并钉接牢固木龙骨，如图 5-35 所示。

⑦ 重复如图 5-35 所示的施工步骤，直至完成整根沿边木龙骨所有中间部位木龙骨钉点处的垫平和牢固钉接。

2）另一沿边木龙骨调平安装。按"定位→小木块垫调→用地板小块检平→钉接安装"等步骤完成另一沿边木龙骨调平安装，如图 5-36 所示。

① 按丈量尺寸和地面管线位置，将木龙骨锯割成所需尺寸。如果房间面积较小，一定要确保每个木龙骨为整根，中间不要有接头，沿线预排。

② 木龙骨靠墙处必须留有 5~10mm 的缝隙，以利通风，防止木龙骨热胀冷缩；遇到管线部位，要切割木龙骨，以盖住管线为宜。

③ 如果房间面积较大，两根木龙骨斜角切割搭接。

④ 沿线预排完成。

图 5-30　锯割木龙骨并沿线预排

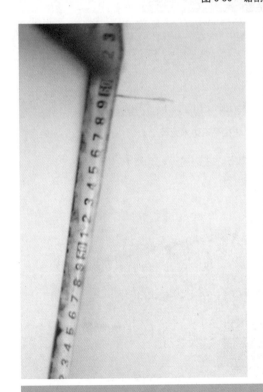
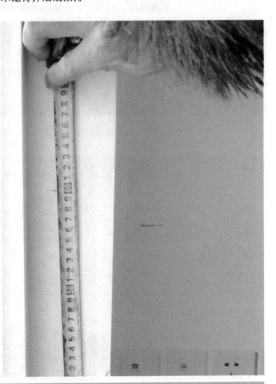

先从一个拐角弹踢脚板，施工水平线向上丈量一定尺寸，用铅笔在墙上标注记号。

在同一面墙的另一个拐角和中间关键部位弹踢脚板，施工水平线向上丈量一定尺寸，用铅笔在墙上标注记号。

自墙面标注记号处向下丈量出距地面的实际尺寸，三点尺寸最小处就是木龙骨安装施工的水平基准线。

图 5-31　沿边木龙骨安装水平基准线的定位

同厚地板小块

门槛石

同厚地板小块

同质小木垫块

同厚地板小块

由于水泥砂浆楼面基层存在高低差，为确保木龙骨上表面与已弹施工水平基准线持平，常用事先准备好的同质小木垫块垫放在木龙骨下面来垫高、垫平木龙骨，之后，用地板小块来检验木龙骨架设高度是否合适。之所以这样做，是因为按正常设计要求的木地板安装后，其表面必须与门槛石表面持平，而木地板铺设安装前，门槛石已经安装完成，所以，只要将同厚地板小块放在木龙骨上，就可以检验出与门槛石的持平度。

图 5-32 小木块垫调、用地板小块检平沿边木龙骨

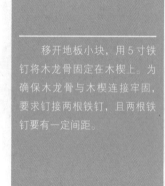

移开地板小块，用5寸铁钉将木龙骨固定在木楔上。为确保木龙骨与木楔连接牢固，要求钉接两根铁钉，且两根铁钉要有一定间距。

图 5-33 钉接安装沿边木龙骨

3）沿边木龙骨之间的木龙骨调垫平整、安装铺设。一个房间两端的沿边木龙骨安装完成后，就可以对沿边木龙骨之间的每根木龙骨进行调平、钉接安装。

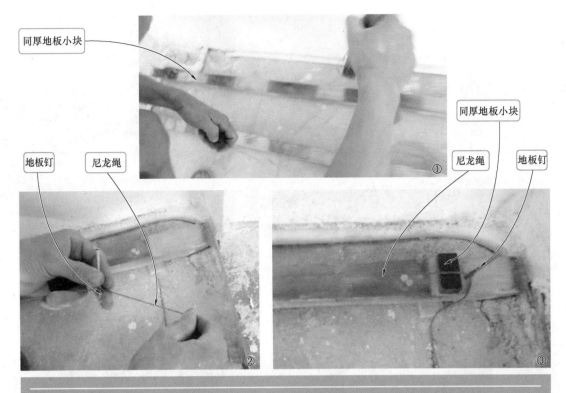

①　地板钉拴牢在尼龙绳的一端，将其钉进沿边龙骨的一端，尼龙绳下垫地板小块并紧靠地板钉；接着，延伸拉长尼龙线至该龙骨的另一端。

②　在木龙骨另一端，手握并绷紧尼龙绳，调整手握位置以确保绷紧后的尼龙绳长度稍短于木龙骨，然后，在尼龙绳手握处栓牢地板钉。

③　将地板钉钉进木龙骨另一端，尼龙绳下填垫地板小块，靠近地板钉，进一步绷紧尼龙绳。

图 5-34　沿边木龙骨上架设铺设水平线

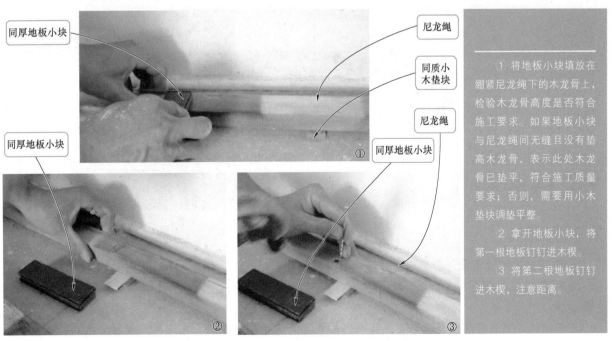

①　将地板小块填放在绷紧尼龙绳下的木龙骨上，检验木龙骨高度是否符合施工要求。如果地板小块与尼龙绳间无缝且没有垫高木龙骨，表示此处木龙骨已垫平，符合施工质量要求；否则，需要用小木垫块调垫平整。

②　拿开地板小块，将第一根地板钉钉进木楔。

③　将第二根地板钉钉进木楔，注意距离。

图 5-35　沿边木龙骨中间部位垫平、钉接

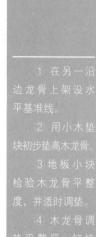

① 在另一沿边龙骨上架设水平基准线。

② 用小木垫块初步垫高木龙骨。

③ 地板小块检验木龙骨平整度，并适时调垫。

④ 木龙骨调垫平整后，钉接木龙骨至木楔。

图 5-36　另一沿边木龙骨调平安装

① 两根沿边木龙骨间架设施工水平线，如图 5-37 所示。

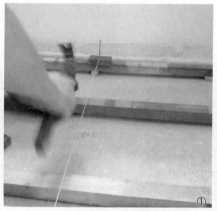
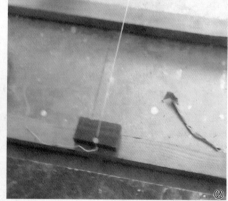

① 在沿边木龙骨的某一钉点附近，钉进地板钉，拴牢尼龙绳，在尼龙绳底下的木龙骨上垫放同厚地板小块。

② 在对面另一沿边木龙骨的对应钉点附近，钉进地板钉，拴牢尼龙绳，要求尼龙绳与钉距方向弹线平行。

图 5-37　两根沿边木龙骨间架设施工水平线

② 中间每根木龙骨调垫至与沿边龙骨水平对齐后，钉接铺设，如图 5-38 和图 5-39 所示。

用上述方法，逐根将木龙骨调垫平并钉接铺设，直至完成所有任务，取得如图 5-40 所示的效果。

（3）检验木龙骨安装质量并修整　铺设后的木龙骨应进行平直度、牢固性、木龙骨间距、木龙骨上钉距等项目的检测。平直度检测如图 5-41 所示。木龙骨间距、木龙骨上钉距的检测如图 5-42 所示。检测合格后方可铺设。

① 在尼龙绳底下的木龙骨上垫放同厚地板小块，如果与尼龙绳之间没有间隙，表示此处的木龙骨与沿边龙骨水平对齐。

② 抽掉同厚地板小块，将木龙骨钉接至木楔。

图 5-38　两根木龙骨间架设施工水平线（一次调平）

① 在尼龙绳底下的木龙骨上垫放同厚地板小块，当与尼龙绳之间有间隙时，判断缝隙厚度，用刨刀片劈离出等厚木垫块。

② 目测比较木垫块与缝隙的厚度。目测厚度差不多时，即可将木垫块垫至木龙骨下面，然后目测尼龙绳与同厚地板小块间的间距。无缝隙时，表示已垫平木龙骨，否则，继续调整至垫平。

③ 抽掉同厚地板小块，将木龙骨钉接至木楔。

图 5-39　两根木龙骨间架设施工水平线（多次调平）

图 5-40　所有木龙骨调垫平整安装后的整体效果

（4）木龙骨间颗粒杂物清理　施工过程中，会有一些小木块、塑料碎片等颗粒杂物，对后续施工质量有一定影响，因此应进行必要的清理工作。捡走木龙骨间颗粒杂物，如图 5-43 所示；用吸尘器吸走细小颗粒物和灰尘，如图 5-44 所示。

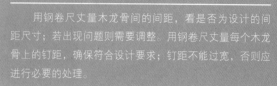

图 5-41 专用工具检测木龙骨平直度

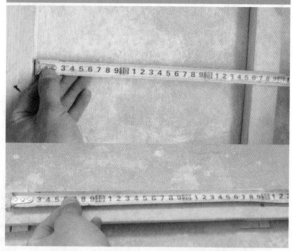

图 5-42 专用工具检测木龙骨间距、钉距

图 5-43 捡走木龙骨间颗粒杂物

图 5-44 用吸尘器吸走细小颗粒物和灰尘

（5）木龙骨间撒防虫颗粒等　由于实木地板和木龙骨容易产生虫蛀，因此要在木龙骨间均匀地撒放防虫颗粒、干燥剂，也可以撒些樟木块来防止木龙骨受潮和产生虫蛀。另外，应该在房间的四个墙角也多撒一些防虫粉或者樟木块，用于驱虫、吸收水分；防虫粉或樟木块不宜过少，否则达不到效果，如图 5-45 所示。

图 5-45 木龙骨间撒防虫颗粒等

（6）木龙骨上铺泡沫垫层　用于改善脚感，增加吸水防潮性能，如图 5-46 所示。

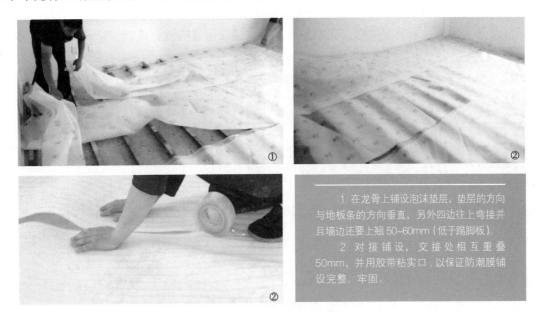

①　在龙骨上铺设泡沫垫层，垫层的方向与地板条的方向垂直，另外四边往上弯接并且墙边还要上翘 50~60mm（低于踢脚板）。

②　对接铺设，交接处相互重叠 50mm，并用胶带粘实口，以保证防潮膜铺设完整、牢固。

图 5-46　木龙骨上铺设泡沫垫层

5. 安装实木免漆地板、找平

实木免漆地板安装铺设分为悬浮安装和钉接安装两种。

（1）悬浮安装　悬浮铺设法适用于企口地板、双企口地板、各种连接件实木免漆地板。一般应选择企口槽偏紧、底缝较小的地板。这种铺设方法简单，大大缩短了工期，无污染，易于维修保养，地板不易起拱和产生瓦片状变形。若地板离缝或局部不慎损坏，则易于修补更换，即便是水管意外漏水使地板遭受水浸，拆除经干燥后，地板还可以再次铺设使用。悬浮铺设法应按"拆封、挑选→铺排设计→按设计尺寸锯割→安装、找平→伸缩缝处理→踢脚板安装→收口处理→成品保护"等几个步骤施工，具体方法如下。

1）拆封、挑选。在安装实木免漆地板之前，安装工人都要拆封包装，然后对每一块地板进行检查，拆封、挑选实木免漆地板的方法如图 5-47 所示。

①　将地板整包搬至预施工现场，小心拆封，备检。将地板按照颜色和纹理尽量相同的原则摆放在施工现场，对地板的花纹和颜色进行人为分类，最大程度地避免色差问题。

②　根据挑选地板的数量，自行设计铺设方案并预排。可将花纹色调接近的地板放在客厅、过道等明显处，将略有差别的放在家具底下或拐角处，也可设计成某房间色深或色浅，以求整体的美观协调。如果铺装地板的施工量过大且不能在一天内完成，当天拆包又未安装完毕的地板应放回包装盒内，防止地板受潮。

图 5-47　拆封、挑选实木免漆地板

在此过程中还可以检查地板是否有大小头或者端头开裂等问题。如果发现有残次品或者地板表面有磨损痕迹的都要挑出来，不能使用，最后统一将这些残次地板打包，退回工厂更换。

2）铺排设计。为了追求装饰美感，实木免漆地板的铺设通常被设计成错位铺设，如图5-48所示。

为了确保美观，铺设地板一般要先从正对门口处铺起，这样铺设到最后，不太齐整的地板会被安装在边角，也会被后置的家具遮盖住。如选用900mm长实木免漆地板，错位铺排设计为：沿墙边铺设的第一块地板应是整块，即为900mm长；自第一块依次向外铺设第二排的第一块和第三排的第一块地板都应该是非整块，即第二排的第一块地板则应裁割尺寸为600mm长的地板，第三排的第一块地板应裁割尺寸为300mm长的地板；接下来，重复上述步骤，按900mm、600mm、300mm依次铺排过去。

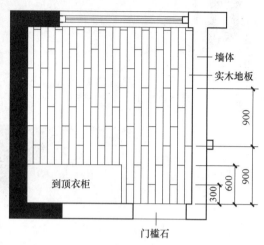

图5-48 实木免漆地板的铺排设计方法

3）按设计尺寸锯割。实木免漆地板铺排设计后，接下来，就要按设计要求锯割地板，如图5-49所示。

① 在施工场地外地面，取整块或足够长的地板，在地板面层上用卷尺丈量欲锯割尺寸，用木工铅笔标注记号。
② 用角尺和木工铅笔在丈量标注记号处画出切割线。
③ 沿切割线电动切割开地板，要求小心谨慎，注意安全。
④ 切割至一定数量后，将非整块地板进行归类、备用。

图5-49 按设计尺寸锯割实木免漆地板

值得一提的是，图5-49所示实木免漆地板常规切割过程中会产生不少粉尘，对施工环境和施工人员有少量污染，所以，目前有较为先进的地板切割工具———无尘电锯（图 5-50）。它不仅吸尘率高、污染小、省时省心，而且便于业主日后的打扫。但这种电锯价格较高，没有得到广泛使用。

图 5-50　地板切割无尘电锯

4）安装、找平。上述工作完成后，即可进行实木免漆地板的安装、找平施工。按设计要求，首先应在入口处沿墙安装、找平铺设第一块实木免漆地板，如图 5-51 所示。

　　① 按铺贴设计要求，先在门入口处沿墙边铺贴第一块实木免漆地板，然后以此逐排依次铺装。第一块实木免漆地板铺贴时，要求地板的凹槽向墙，凸角向外，地板与墙之间留足伸缩缝。由于墙面会出现不平整的现象，因此正常情况下，木地板与墙面的伸缩缝及找平需要利用木楔来调节。一块地板两端与墙面间的伸缩缝都需要塞入木楔，伸缩缝应留出 8~10mm。干燥且地板偏湿的地区，伸缩缝应留小一些；潮湿且地板偏干的地区，伸缩缝应留大一些。
　　② 木地板一端与墙面的伸缩缝中塞入木楔。
　　③ 木地板另一端与墙面的伸缩缝中也塞入木楔。

图 5-51　沿墙安装、找平铺设第一块实木免漆地板

　　第一块实木免漆地板安装、找平完成后，接下来，采用同样的施工方法，紧挨着第一块实木地板沿墙依次逐块安装铺设。地板铺设完全靠榫槽咬合连接，不用施胶，如图 5-52 所示。

　　采用上述施工方法，依次沿墙安装、找平铺设实木地板，直至完成第一排所有整块实木免漆地板的安装、找平。

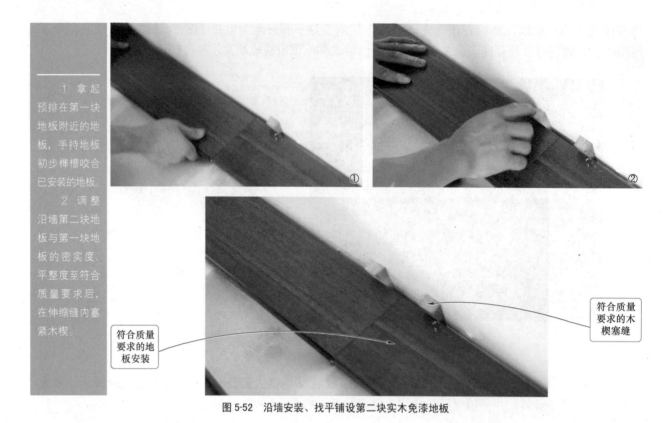

① 拿起预排在第一块地板附近的地板，手持地板初步榫槽咬合已安装的地板。

② 调整沿墙第二块地板与第一块地板的密实度、平整度至符合质量要求后，在伸缩缝内塞紧木楔。

符合质量要求的地板安装

符合质量要求的木楔塞缝

图 5-52　沿墙安装、找平铺设第二块实木免漆地板

第一排地板沿墙安装、找平完成后，开始安装铺设第二排的第一块地板。按设计要求，第二排第一块地板的长度应该是 600mm 长，如图 5-53 和图 5-54 所示。

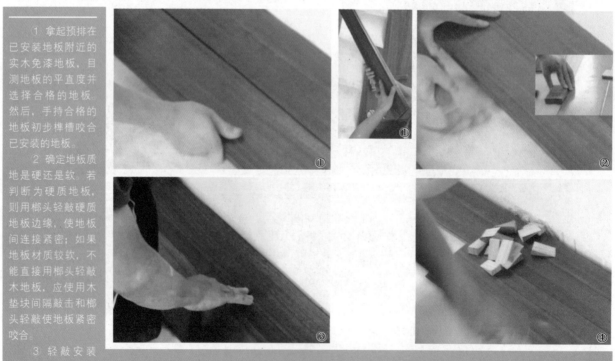

① 拿起预排在已安装地板附近的实木免漆地板，目测地板的平直度并选择合格的地板。然后，手持合格的地板初步榫槽咬合已安装的地板。

② 确定地板质地是硬还是软。若判断为硬质地板，则用榔头轻敲硬质地板边缘，使地板间连接紧密；如果地板材质较软，不能直接用榔头轻敲木地板，应使用木垫块间隔敲击和榔头轻敲使地板紧密咬合。

③ 轻敲安装时，应观察和手触不同板块间板面的高度差与缝隙，并随时调整，防止地板因热胀冷缩而出现起拱、开裂等质量问题。正常情况下，在华东、华南及中南等一些特别潮湿的地区，实木免漆地板间应留 0.2 ~ 0.6mm 的伸缩缝；在西北、华北及东北等干燥的地区，地板之间一般以自然拼合为最佳。

④ 逐步调整至满足施工质量要求，完成该块地板的铺设。

图 5-53　安装、找平铺设第二排第一块实木免漆地板

塑料小片填嵌在板缝间，以确保伸缩缝大小一致。等地板全部安装铺设完成后，统一拔掉塑料小片。

图 5-54　实木免漆地板间伸缩缝隙的处理

采用上述施工方法，依次安装、找平铺设实木免漆地板，直至完成第二排所有整块实木免漆地板的安装、找平。

第二排地板依次安装、找平完成后，开始安装铺设第三排的第一块地板。按设计要求，第三排第一块地板的长度应该是 300mm 长，如图 5-55 所示。

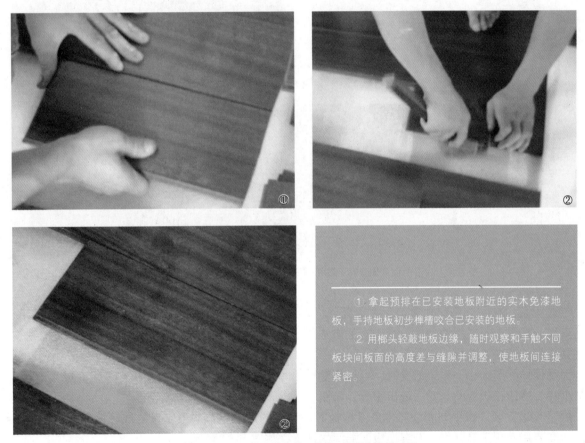

①拿起预排在已安装地板附近的实木免漆地板，手持地板初步榫槽咬合已安装的地板。
②用榔头轻敲地板边缘，随时观察和手触不同板块间板面的高度差与缝隙并调整，使地板间连接紧密。

图 5-55　安装、找平铺设第三排第一块实木免漆地板

采用上述施工方法，依次安装、找平铺设实木免漆地板，直至完成第三排所有整块实木免漆地板的安装、找平，即可得到如图 5-56 所示的效果。其中有一些非整块地板需要收边安装、找平施工。

接下来，按图 5-57 所示，进行非整块地板裁割前的尺寸测定；然后，按图 5-49 所示的锯割方法裁割测定后的实木免漆地板备用。

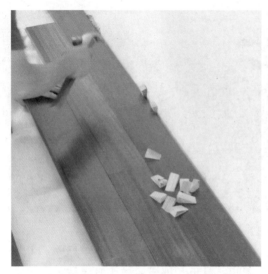

由于整块地板安装铺设速度快、效果明显，非整块地板收边施工速度慢且施工复杂，所以，为提高工作效率，正常情况下，工人会将所有整块地板安装完成。当剩下的未安装非整块地板到达一定数量后，工人就会再进行非整块地板的仔细收口施工。

图 5-56　安装、找平铺设第三排所有整块实木免漆地板后实景

① 测量最短非整块地板：参照预铺设地板的空隙长度，目测找寻接近且大于该预铺设空隙尺寸的实木免漆地板，将地板的企口位置调整正确，然后用木工铅笔沿角尺测定的尺寸，在地板上标画出预锯割尺寸线。地板上预锯割尺寸应小于预铺设空隙尺寸 5~10mm。
② 测量较长非整块地板：具体方法同①。
③ 测量最长非整块地板：具体方法同①。

图 5-57　测定非整块地板的锯割尺寸

收边安装、找平非整块地板：正常情况下，首先安装、找平最短非整块地板，如图 5-58 所示；接着，安装、找平较长非整块地板，具体施工方法同图 5-58，施工过程如图 5-59 所示。用上述方法安装、找平完成最长非整块地板，如图 5-60 所示。

为确保伸缩缝大小一致，必要时，可以用塑料小片（可以将包装地板的塑料包装袋剪成大小相当的塑料小片）填压在板缝间，然后敲击密缝，如图 5-54 所示。

由于收边安装、找平非整块实木免漆地板时，地板的顶端企口与已铺设的地板顶端企口密实不够，所以，需要用专用工具紧固、密实地板顶端间的接缝，如图 5-61 所示。

第三排地板依次安装、找平完成后，开始安装铺设第四排的第一块地板。按设计要求，第四排的第一块地板应该是整块，长度为 900mm，如图 5-62a 所示。第四排第一块地板安装、找平完成后，开始安装铺设第五排的第一块地板。按设计要求，第五排的第一块地板应该是非整块，长度为 600mm，如图 5-62b 所示。第五排第一块地板安装、找平完成后，开始安装铺设第六排的第一块地板。按设计要求，第六排的第一块地板应该是非整块，长度为 300mm，如图 5-62c 所示。

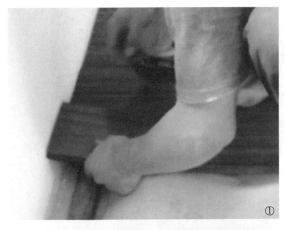

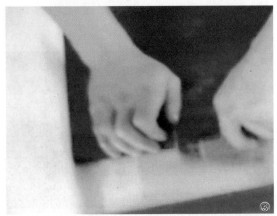

① 将锯割后的实木免漆地板顶端企口对正已铺设的实木免漆地板，注意地板侧边与邻近地板的预留缝隙应在 10mm 左右，以确保地板能铺设下去(因为地板侧边有企口，如果不留足缝隙，地板就会被企口挡住而无法铺设下去)。

② 用力向下敲击实木免漆地板，确保地板能铺设下去。此时地板侧边与邻近地板的预留缝隙应在 10mm 左右。

③ 用榔头侧面轻敲实木地板侧边，确保地板侧边企口与邻近地板侧边企口咬合，缝隙密实；不能用力过猛，以防敲破实木地板边。

图 5-58　安装、找平铺设最短非整块实木免漆地板

① 实木免漆地板顶端的企口对正已铺设的实木免漆地板。注意地板侧边与邻近地板的预留缝隙应在 10mm 左右。

② 用力向下敲击实木免漆地板，确保地板铺设下去。此时地板侧边与邻近地板的预留缝隙应在 10mm 左右。

③ 用榔头侧面轻敲实木免漆地板侧边，确保地板侧边企口与邻近地板侧边企口咬合，缝隙密实；不能用力过猛，以防敲破实木免漆地板边缘。

图 5-59　安装、找平铺设较长非整块实木免漆地板

图 5-60 安装、找平铺设最长非整块实木免漆地板

① 将专用工具尖端塞入收边地板与墙基层的预留缝隙内。
② 双手向上用力翘搬专用工具的把柄，借助专用工具与墙体的接触支点，反向翘紧、密实每块实木地板间的缝隙。

图 5-61 专用工具紧固、密实收边实木免漆地板间的缝隙

a)

① 第四排第一块地板，安装设计成整块，长度为 900mm。
② 第五排第一块地板，安装设计成非整块，长度为 600mm。
③ 第六排第一块地板，安装设计成非整块，长度为 300mm。

c)

图 5-62 安装、找平铺设第四～六排第一块实木免漆地板

　　采用上述铺设前三排实木免漆地板的施工方法，依次安装、找平铺设实木免漆地板，直至完成第四～六排所有整块和收边非整块实木免漆地板的安装、找平、紧固板缝。当然，工人也可以安装完一排所有整块地板后再进行下一排地板的安装施工，具体施工方法视个人习惯而随时调整。

　　采用上述施工方法，依次将实木免漆地板一排接着一排安装、找平铺设，直至铺设到另一面墙边，如图5-63所示。当实木免漆地板铺设到最靠墙边时，需要收边安装、找平此处的实木免漆地板。具体情况如下：当预铺设位置离墙面空隙较大时，实木免漆地板的收边安装、找平铺设，如图5-64所示；当离墙面空隙较小时，实木免漆地板的收边安装、找平铺设，如图5-65所示；当遇到柱面拐角且空隙较小时，实木免漆地板的收边安装、找平铺设如图5-66所示。

图 5-63　逐排安装、找平铺设实木免漆地板至另一面墙边

　　① 目测预收边安装实木免漆地板处，测量该处已铺设地板与墙面距离，确定预铺实木免漆地板尺寸。要求预锯割的实木免漆地板尺寸小于预安装地板空隙10mm左右。
　　② 在地板上标画出预锯割标志线。
　　③ 将锯割后的实木免漆地板顶端企口对正已铺设的实木地板，注意地板侧边与邻近地板的预留缝隙应在10mm左右。
　　④ 借助专用工具与墙体的接触支点，实现反向翘紧实木免漆地板侧边企口的密实咬合。

图 5-64　预铺位置离墙面空隙较大时，实木免漆地板收边安装、找平

　　5）伸缩缝处理。由于实木免漆地板横向比竖向更容易热胀冷缩，所以，实木免漆地板横向与墙面需要留有伸缩缝。常用专用弹簧卡件安装于伸缩缝内，以满足日后实木免漆地板的热胀冷缩，减少地板的变形，确保正常使用，如图5-67所示。

　　上述施工完成后，得到如图5-68所示的效果。为进一步确保安装铺设后的实木免漆地板更具整体性，可以在其与四周墙面的缝隙内嵌入玻璃胶。由于玻璃胶有较强的柔韧性，因此，不会影响实木免漆地板的热胀冷缩，具体施工方法如图5-69所示。至此，实木免漆地板的安装、找平就完成，等待下一步工序———安装踢脚板。

① 用尺子量尺寸。

② 调整好地板的方向，尤其注意企口的位置，然后用尺子和木工铅笔在地板正面量画尺寸。

③ 沿锯割标志线仔细锯割实木免漆地板，锯割时注意安全。

④ 将锯割后的实木免漆地板放入预安装位置，注意地板侧边与邻近地板的预留缝隙应在 10mm 左右。

⑤ 借助专用工具与墙体的接触支点，在不同位置点实现反向翘紧实木地板侧边间的密实咬合。

图 5-65　预铺位置离墙面空隙较小时，实木免漆地板收边安装、找平铺设

1 用尺子量尺寸。
2 调整好地板的方向，尤其注意企口的位置，然后用尺子和木工铅笔在地板正面量画尺寸。
3 沿锯割标志线仔细锯割实木免漆地板，将锯割后的实木免漆地板放入预安装位置。注意地板侧边与邻近地板的预留缝隙应在 10mm 左右。
4 借助专用工具与墙体的接触支点，在柱子位置实现实木免漆地板的侧边反向翘紧。
5 借助专用工具与墙体的接触支点，在墙体位置实现实木免漆地板的侧边反向翘紧。
6 收边安装完成。

图 5-66　当遇柱面拐角且空隙较小时，实木免漆地板收边安装、找平铺设

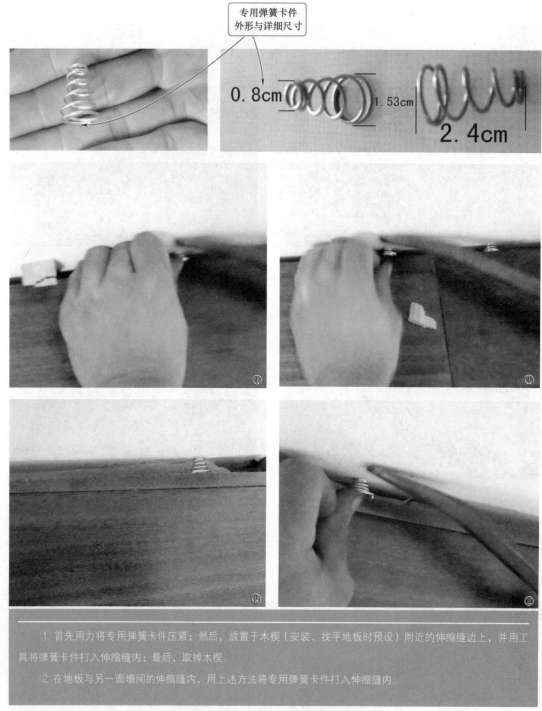

① 首先用力将专用弹簧卡件压紧；然后，放置于木楔（安装、找平地板时预设）附近的伸缩缝边上，并用工具将弹簧卡件打入伸缩缝内；最后，取掉木楔。

② 在地板与另一面墙间的伸缩缝内，用上述方法将专用弹簧卡件打入伸缩缝内。

图 5-67　实木免漆地板伸缩缝的处理

图 5-68　实木免漆地板安装、找平完成后的效果

图 5-69　实木免漆地板与墙四周缝隙内嵌入玻璃胶

6）踢脚板安装。实木免漆地板铺设完毕后，必须安装踢脚板。首先，地板与墙面间有伸缩缝，安装踢脚板可以遮盖住伸缩缝，有平衡视觉、美观的作用；其次，踢脚板能防止外力撞击直接损伤墙壁，起到保护墙面的作用。目前，市场上常见的踢脚板，除了实木免漆踢脚板外，还有 PVC 踢脚板、不锈钢踢脚板、铝合金踢脚板、陶瓷踢脚板、石材踢脚板等。正常情况下，不同地板都有配套的成品踢脚板，如实木免漆地板都配有实木免漆踢脚板，复合地板配有 PVC 踢脚板，而不锈钢踢脚板、铝合金踢脚板、陶瓷踢脚板、石材踢脚板则更适合玻化砖石材等地面。当然，踢脚板也可以根据设计要求来选配。踢脚板的安装，应按"墙面钻孔、打入木楔→清理墙面，拆封、挑选踢脚板→按设计尺寸锯割→安装、找平→成品保护"几个步骤施工，具体如下。

① 墙面钻孔、打入木楔。经验表明，有的工人习惯在地面上木龙骨安装钻孔的同时在墙面上完成踢脚板安装钻孔，具体施工如图 5-28 所示；有的工人则习惯在地板安装完成后再在墙面上完成踢脚板安装钻孔，然后，在钻孔内打入落叶松木楔，具体施工方法如图 5-70 所示。

1 钻孔前要观察好水电的布线走向。由于水电工程的管子就埋在墙壁上，开关插座的正下方就是管道的位置，因此打孔时要看好位置，以此为起点向墙两边打孔，避免产生破坏。
　　在墙面上钻孔的高度定位以踢脚板正表面上凹槽高度为准，以备后续钉接踢脚板时将钉头打入凹槽内，同时又不影响表面美观。踢脚板凹槽高度在其 2/3 的位置。
　　2 踢脚板常见的长度为 2m/根，为了将其固定牢，钻孔的间隔宜为 400mm，靠近墙拐角等接口处钻孔的间隔应小一点。
　　3 使用榔头用力将落叶松木楔打入钻孔内，要求与墙面齐平。

图 5-70　实木免漆踢脚板安装处墙面钻孔、打入木楔

② 清理墙面，拆封、挑选踢脚板。上述施工全部完成后，在安装踢脚板前，为确保踢脚板紧贴墙面，表面平整，阴阳角顺直方正、美观，安装前应清理、平整预安装踢脚板位置的墙面。否则，踢脚板安装后，会出现与墙面存有缝隙，凸起、凹陷等质量缺陷。清理墙面后，拆封、挑选合格的踢脚板备用。

③ 按设计尺寸锯割。由于墙面各区段所需安装的踢脚板长度不一样，因此，先要丈量预安装踢脚板墙面尺寸，以此为准丈量锯割踢脚板。由于踢脚板在日后使用过程中会出现热胀冷缩，所以，踢脚板安装时，其两端要与墙面留适当的伸缩缝；当遇墙、柱阴角处，为追求装饰美感，踢脚板在此处相接安装，必须要将相接的两根踢脚板边缘都锯成下直上 45° 的形状后拼接、安装，具体施工方法如图 5-71 所示。

① 用专用手锯以45°锯割踢脚板。

② 调换踢脚板方向，在同一位置，向下直锯割踢脚板。

③ 踢脚板锯割后，形成下直上45°的断面形状。

④ 手持砂磨机修整磨光45°锯割后的踢脚板断面。

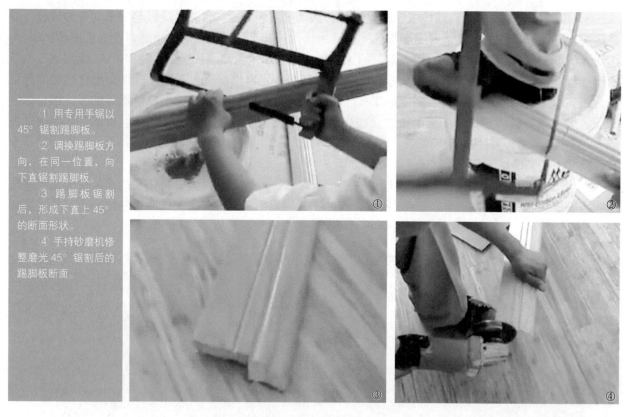

图 5-71 阴角处实木免漆踢脚板安装前的锯割

当遇墙、柱阴、阳角处，要将相接两根踢脚板边缘锯成45°的形状后拼接、安装，并留有1mm左右的伸缩缝，如图5-72所示。

阴角伸缩缝
阳角伸缩缝
阴角伸缩缝

图 5-72 阴角处实木免漆踢脚板在阴阳角处的安装

④ 安装、找平。首先，将锯割好的踢脚板预排安装在墙面，调整、找平至适合位置，如图5-73所示；接着，进行钉接安装，如图5-74所示。

经验表明，用钉子安装实木免漆踢脚板，对其表面油漆肯定会有一些损坏，但由于钉接安装实木免漆踢脚板时，一般都是将钉子钉在实木免漆踢脚板表面的线槽内，所以，在施工最后，将所留钉眼做与踢脚板同色微油漆修补，基本不会影响美观，具体方法如图5-75所示。

图 5-73　阴角处实木免漆踢脚板安装前的预排、调整

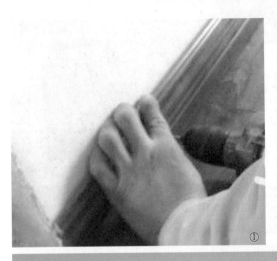

①　②

①找准墙面木楔的位置，用手枪钻在踢脚板正面上钻孔，钻透至木楔内；然后，抽出电钻，完成钉接钻孔工作。
②将专用无头的钉子（多选螺纹地板钉）打入踢脚板内 1~2mm，不能使用射钉（用射钉不利于维修）。

图 5-74　钉接安装实木免漆踢脚板

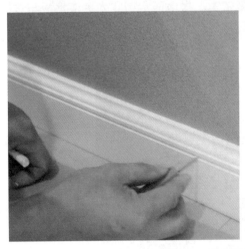

图 5-75　实木免漆踢脚板上同色微油漆修补

施工时，注意踢脚板要完全紧贴墙面，不留缝隙；但施工过程中，常出现踢脚板与墙之间存在缝隙的现象，这主要是由于墙面基层不平整而造成的；若出现这种情况，应该请油漆工用专用墙面腻子将此处的墙面仔细刮抹平整。

批刮腻子前，应该用美纹纸将踢脚板与墙交界处贴盖严实，以免腻子掉落而沾污踢脚板；等腻子干后，即可打磨平整；最后，在修补处局部刷涂墙面同色乳胶漆，并及时、小心谨慎地撕掉美纹纸，以免影响施工质量。

另外，目前市场上也有扣接安装踢脚板的做法，如图 5-76 所示。虽然扣接安装时踢脚板表面没有被钉子破坏，但实践表明，钉接安装牢度强于扣接安装，所以，具体施工方法，要依据业主的选择。

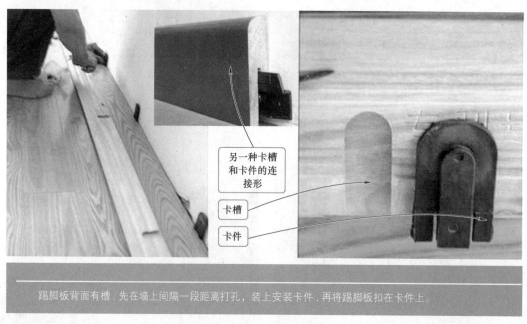

踢脚板背面有槽，先在墙上间隔一段距离打孔，装上安装卡件，再将踢脚板扣在卡件上。

图 5-76 实木踢脚板扣接安装

7）收口处理。在房间、厅、堂之间，实木免漆地板与相邻其他材质的接口处必须留足伸缩缝，可用金属收口条来处理这些缝隙。首先，丈量预收口处长度尺寸，以此尺寸为基准裁割收口压条；接下来，将收口沿条预置在缝隙处，检查长度是否合适并适当调整；然后，拿起压条，在收口处地面上挤足量玻璃胶；最后，将收口压条放置于收口处并压紧密实。楼地面实铺实木免漆地板与过门石收口构造图如图 5-20 所示，收口处理后效果如图 5-77 所示。

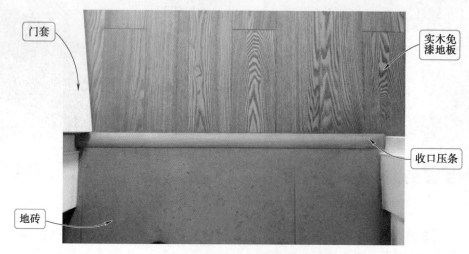

图 5-77 实木免漆地板与过门石收口处理后效果

至此，实木地板及其踢脚板安装全部完成，后续工作即为对成品进行保护。

8）成品保护。正常情况下，对于有口碑的知名地板经销商（或厂家）来说，负责上门安装的工人在铺装完毕后，都会做以下工作：清扫场地，将安装过程中所产生的垃圾处理干净并带走，清洁地面后，再将地面打蜡保护（一般常用的是液体蜡，手工打蜡效果最好，蜡液能在手工用力的作用下迅速、充分地被地板吸收，从而达到最佳效果）；用泡沫垫层平铺遮盖已铺设完成的地板。这样的成品保护措施，可以确保后续墙纸、开关灯具等外设安装时对地板不会产生污损。

（2）钉接安装　钉接安装是实木地板最常用的铺设方法，尤其适用于材质相对较软的实木免漆地板（如桦木地板）。钉接安装，即用专用螺纹地板钉将实木地板固定在木龙骨上。实木免漆地板钉接安装示意如图 5-78 所示。

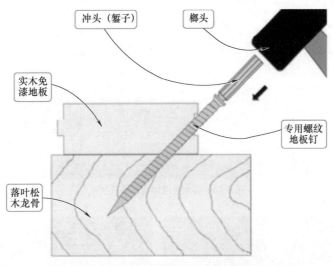

图 5-78　实木免漆地板钉接安装示意图

正常情况下，钉接安装也应按"拆封、挑选→铺排设计→按设计尺寸锯割→安装、找平→伸缩缝处理→踢脚板安装→收口处理→成品保护"等几个步骤施工。

1）拆封、挑选→铺排设计→按设计尺寸锯割。具体方法同悬浮安装。

2）安装、找平。具体方法如下。

① 工具、用具。除悬浮安装使用的工具、用具外，实木免漆地板钉接安装还必须具备如图 5-79 所示的工具、用具。

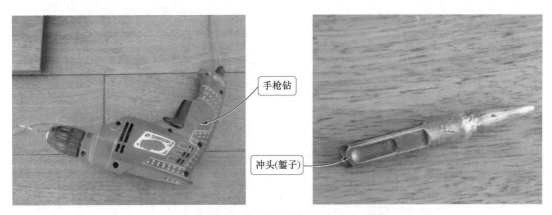

图 5-79　实木免漆地板钉接施工必备工具、用具

② 钻钉孔。逐块地板排紧后，即可用手枪钻在木地板上钻孔，具体施工方法如图 5-80 所示。

③ 钉地板钉。鉴于一块地板与四根木龙骨搭接，实木免漆地板中间部位地板钉的钉接如图 5-81 所示。实木免漆地板两端与其他整块地板交界处的钉接如图 5-82 所示。

④ 用上述方法完成所有地板的铺设安装，收边地板在板正面钻孔钉接，并用调色粉填钉眼缝隙。

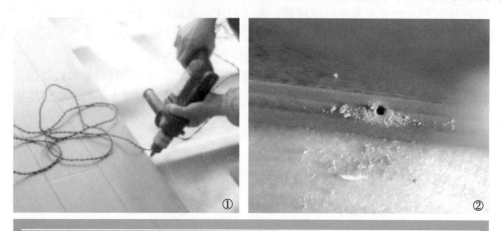

① 手枪钻的钻头直径应略小于地板钉的直径。用手枪钻在实木地板的凸槽处上口以 30° ~50°
倾斜钻透实木地板至木龙骨上。

② 抽出电钻即可形成一个小钉孔。一般情况下，910mm 长的地板上应该打四个钻孔，因为一块
地板搭在四根木龙骨上。

图 5-80　实木免漆地板凸槽边钻孔

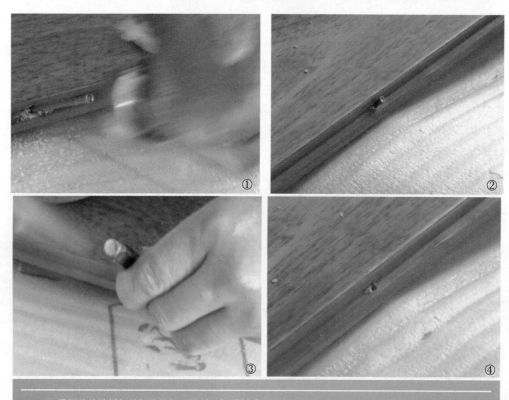

① 用榔头将地板钉从钉孔处打入地板，钉子长度不小于 25mm。

② 地板钉贯穿地板打入木龙骨内。仔细观察地板钉外露的尺寸，以免由于外露尺寸过短而敲破实木
免漆地板边缘。

③ 用冲头将外露的地板钉敲入实木免漆地板。

④ 将外露钉头完全敲入实木免漆地板 3mm 左右为宜。

图 5-81　实木免漆地板中间部位地板钉的钉接

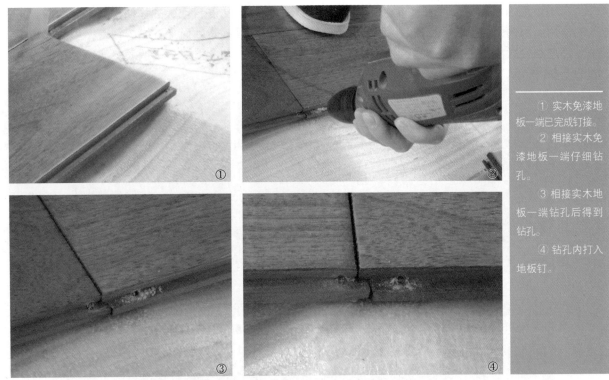

①实木免漆地板一端已完成钉接。

②相接实木免漆地板一端仔细钻孔。

③相接实木地板一端钻孔后得到钻孔。

④钻孔内打入地板钉。

图 5-82　实木免漆地板两端与其他整块地板交界处的钉接

3）伸缩缝处理→踢脚板安装→收口处理→成品保护。具体方法同悬浮安装。

二、强化复合地板铺设

强化复合地板具有拆装方便、价格相对便宜、养护成本低等特点，因此常被简单装修者选用，目前有悬浮和胶粘两种施工方法。

1.悬浮施工

悬浮施工按"基层检查、清理、找平→铺设泡沫防潮垫层→安装强化复合地板、找平→安装踢脚板→收口处理→养护"这几个工序进行，具体如下。

（1）基层检查、清理、找平　悬浮铺设强化复合地板时，基层面必须平整、干燥、干净，具体施工方法如图 5-83 所示。如楼房底层或平房铺设，则需进行防水处理。

①用 2m 铝合金或水平度高的板材在预铺设地面任意检查三处以上，地面的水平误差不能超过 2mm；超过的话就要用水泥砂浆找平地面，等找平后的地面完全干透后才能进行强化复合地板的铺设施工。如果地面不平整，不但会导致踢脚板有缝

隙，整体地板不平整，而且会伴有异响，严重影响地板质量。

②铺装地板前，应先铲除地面凸起物等；接下来，将地面清扫干净，再次检查地面是否还有凸起物、油迹等；如果有，则处理至符合施工要求；最后，用拖把清理干净地面。如果清理不干净，地面不平整，后期踩踏地板时则会扬起尘土，地板也会出现响声。

图 5-83　强化复合地板铺设前基层检查、清理、找平

（2）铺设泡沫防潮垫层　泡沫防潮垫层既起到防潮、保护强化复合地板的作用，又起到增加脚感舒适度的作用。因为强化复合地板既硬又薄，悬浮铺设在硬的水泥砂浆地面上，脚感很差，中间有泡沫垫层相隔，自然会缓解脚感差的问题，但不按要求铺设泡沫垫层，则会造成更多的质量问题，具体施工方法如图5-84所示。

① 首先，将整卷泡沫垫层平摊铺在地面上，按实际尺寸裁割后预排薄膜地垫。薄膜地垫必须采用对接铺设，不能出现搭接，因为强化复合地板是悬浮铺贴，且地板比较薄，泡沫地垫搭接后会使搭接处局部凸起（两层泡沫的厚度），造成铺设后的地板面层不平整。
② 全部预排完成后，将沿墙部分泡沫垫上卷至墙面，一般为100mm左右。
③ 最后，用50mm宽透明胶带将泡沫垫层对接缝粘接平整。

图5-84　强化复合地板铺设前泡沫防潮垫层的铺设

（3）安装强化复合地板、找平　因为复合地板是不容易热胀冷缩的，所以，其铺设安装方法与实木免漆地板的铺设安装方法不同。实木免漆地板一般板与板之间会留2mm左右的缝隙，以防止后期地板使用过程中因热胀冷缩而起拱、挤压甚至引起开裂。强化复合地板间则采用无缝对接铺设，具体施工方法如图5-85所示。

重复上述步骤，直至铺设安装至最后一排地板，此处的施工方法与实木免漆地板悬浮铺设方法相同。

（4）安装踢脚板

1）安装塑料卡件。用专用塑料卡件固定塑料踢脚板，具体施工方法如图5-86所示。

2）裁割踢脚板。首先，需要丈量所需踢脚板长度，具体施工方法如图5-87所示；接着，按裁割标记符号锯割踢脚板，具体施工方法如图5-88所示。

3）踢脚板与连接件连接。不同部位需要用不同的连接件与踢脚板连接。具体的连接配件如图5-14所示，不同部位连接施工举例如图5-89所示。

4）连接后预安装，如图5-90所示。

5）安装及安装后的效果，如图5-91所示。

当遇到复杂位置时，踢脚板安装要耐心仔细，具体施工方法如图5-92所示；其安装后效果如图5-93所示。

（5）收口处理　强化复合地板的收口处理常表现在地板与地板间的缝隙处理上，施工方法如图5-94所示。详细内容可参见实木免漆地板收口处理的施工方法。强化复合地板收口处理后效果如图5-95所示。

（6）养护　与实木免漆地板养护基本相同。

①首先，将整包地板按一定间距搬至施工点，以方便后续边拆包边施工，提高工作效率。

②铺装地板的走向通常与房间行走方向一致，自左向右或自右向左逐排依次铺装凹槽向墙。根据房型的不同，地板与墙之间一般预留 8~10mm 的伸缩缝，缝隙内放入木楔。注意：干燥地区伸缩缝应留小；潮湿地区伸缩缝应适当留大。

③强化复合地板都采用无缝对接铺设，每块地板都有接口。铺设安装过程中，取一块地板，检查质量是否合格后，与地面保持 30°~45° 的角度，将榫舌贴近上一块地板的榫槽，待地板直接卡上去贴紧后轻轻放下。

④放下后，用羊角锤和小木块沿着地板边缘敲打，使地板拼接紧密；如果敲打后地板仍翘起，可在地板表面靠近边缘处敲打。

图 5-85　强化复合地板铺设安装、找平

图 5-86　踢脚塑料卡件铺设安装、找平

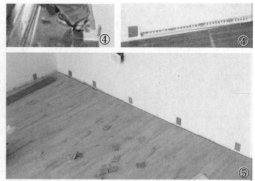

① 首先，准备卡件，将钢钉穿入塑料卡件中间部位，准备钉接上墙。

② 接着，根据踢脚板后背卡槽高度，在墙上找画卡件安装水平线，并从墙、柱等拐角处开始安装卡件，用榔头将准备好的塑料卡件钉接牢固至墙、柱面基层。

③ 按设计要求，完成卡件的安装。

④ 墙、柱等拐角处第一个卡件安装完成后，量取卡件与地板间间距离，并以该距离尺寸锯割等尺寸小木垫块；接下来，用小木垫块垫在其他卡件下面，按设计间距在墙面上安装卡件，确保安装后的卡件水平。

⑤ 卡件间距不要大于400mm，这样安装出来的踢脚板与墙面垂直而且不易脱落；若超过400mm，卡件安装后就容易出现踢脚板与墙面间局部缝隙过大或松动等质量问题。

图 5-86　踢脚塑料卡件铺设安装、找平（续）

将足够长的踢脚板拿至预安装位置，将其对正预安装墙面位置并在踢脚板上标记裁割记号。

图 5-87　丈量所需踢脚板长度

用手锯在锯割标志处仔细锯割踢脚板，不能出现破损。
为了使锯过的踢脚板能更好地衔接，需要使用锉刀磨平。

图 5-88　裁割、磨平踢脚板

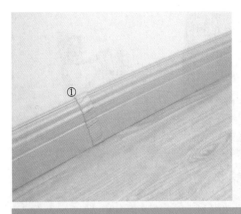

① 当踢脚板不够长时，需要用连接直扣插接连接。
② 当踢脚板遇阴角处时，需要用阴角扣插接连接。

图 5-89 不同部位踢脚板的连接

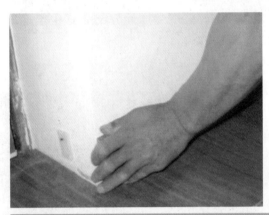

不同部位的踢脚板预安装后，若发现问题应及时处理至符合施工质量要求，此施工环节要耐心、细心。

图 5-90 不同部位踢脚板的预安装

① 双手配合，稍微用力轻推预安装且符合质量要求的踢脚板，感知卡件卡进踢脚板的卡槽内后，即完成踢脚板的安装。
② 安装后的踢脚板应与地板面之间缝隙很小或无缝隙，踢脚板上口平直，且与墙面之间缝隙小。如果缝隙大，应及时调整。若是因为墙面不平整造成上口缝隙过大，后续可用腻子批刮找平，再用乳胶漆局部修补进行处理。

图 5-91 踢脚板安装及安装后效果

按设计要求，用榔头将准备好的塑料卡件钉接牢固至柱面基层，具体方法见图 5-86。

按设计要求，丈量、裁割、磨平踢脚板，具体方法参见图 5-87、图 5-88。

按设计要求，用连接件将锯割好的踢脚板仔细安装，具体方法见图 5-89~ 图 5-91。

图 5-92　复杂位置处踢脚板安装

图 5-93　复杂位置处踢脚板安装后效果

图 5-94　强化复合地板间的收口处理　　　　图 5-95　强化复合地板间的收口处理后效果

2. 胶粘施工

胶粘施工是地板铺设的另一种方法。此法适用于 350mm 长的地板，而且要求地面平实，应用范围不广，在此不作叙述。

三、实木复合地板铺设

目前，越来越多的家居业主在装修中选用地热系统。由于实木地板不太适宜接受长时间地热的烘烤，强化复合地板甲醛含量高，在地热长时间烘烤下其甲醛释放量会增大而污染环境，所以，实木复合地板作为地热地板的首选进入装饰市场。可以说，它是由实木地板衍生出来的木地板种类，由不同树种的板材交错层压而成，克服了实木地板单向同性的缺点，干缩湿胀率小，具有较好的尺寸稳定性，保留了实木地板的自然木纹和舒适的脚感；同时，它还具备强化复合地板的稳定性，且比强化复合地板环保。但实木复合地板用于地热仍然不是很环保，因为实木复合地板有的是以单板为面层、以实木条为芯层、单板为底层制成的企口地板；有的是以单板为面层、胶合板为基材制成的企口地板。板材层间必定需要胶结，所以，现在不少业主在选用地热时，都会选择地砖来铺设地面，以减少室内环境污染。

地暖的安装方式决定了实木复合地板的铺设安装方式。地暖管道上浇筑水泥砂浆地面的施工方法如图 5-96 所示。如果选择悬浮铺设安装，具体方法可参照强化复合地板的悬浮铺设；如果采用在木龙骨间安装地暖管道的施工方法（图 5-97），为了避免破坏地暖管道，木龙骨上不能钉钉子，其铺设安装也只能采用悬浮铺设安装，具体施工方法可参照实木免漆地板的悬浮铺设。

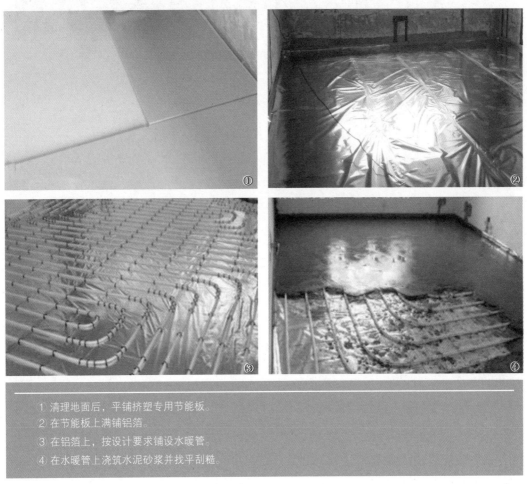

① 清理地面后，平铺挤塑专用节能板。
② 在节能板上满铺铝箔。
③ 在铝箔上，按设计要求铺设水暖管。
④ 在水暖管上浇筑水泥砂浆并找平刮糙。

图 5-96 地暖管道上浇筑水泥砂浆地面的施工方法

① 先安装木龙骨在地面上，在木龙骨间安装节能板、水管。
② 在水管安装完成后，满铺铝箔，将木龙骨水管等全部盖住，但必须确保铝箔能包紧并凸显木龙骨。
③ 在铝箔上浇筑水泥砂浆。一定要确保水泥砂浆面低于木龙骨面。

图 5-97　木龙骨间安装地暖管道的施工方法

06 / 项目六
室内墙、顶面裱糊施工

工作过程一　裱糊施工前的料具准备

裱糊施工是整个装修过程的最后一道工序，也是至关重要的一步。墙纸表面有凹凸等肌理效果，适宜在相对无尘的环境下裱糊施工；否则，当墙纸裱糊后，再进行有灰尘的施工，墙纸等表面肌理容易积灰且日后不易清理。因此，在水电开关、插座、厨卫等设备安装完成后，清理干净室内后才能进行裱糊施工。墙面裱糊施工具有施工方便、装饰效果好、经济合理、使用寿命较长等特点，目前，已成为主要装修施工方法之一。另外，市场上还有墙衣、硅藻土等环保材料应运而生。裱糊施工前需做以下准备。

1. 识读施工图

施工前，装饰公司施工人员需了解裱糊的构造组成，能读懂构造图，如图 6-1 和图 6-2 所示。读图时，文字自上向下读表示图中自左向右的构造。

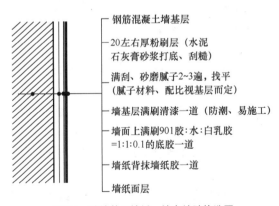

钢筋混凝土墙基层

20左右厚粉刷层（水泥石灰膏砂浆打底、刮糙）

满刮、砂磨腻子2~3遍，找平（腻子材料、配比视基层而定）

墙基层满刷清漆一道（防潮、易施工）

墙面上满刷901胶:水:白乳胶=1:1:0.1的底胶一道

墙纸背抹墙纸胶一道

墙纸面层

图 6-1　砖墙基层墙纸、墙布裱贴构造图

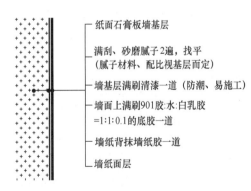

纸面石膏板墙基层

满刮、砂磨腻子2遍，找平（腻子材料、配比视基层而定）

墙基层满刷清漆一道（防潮、易施工）

墙面上满刷901胶:水:白乳胶=1:1:0.1的底胶一道

墙纸背抹墙纸胶一道

墙纸面层

图 6-2　石膏板墙基层墙纸、墙布裱贴构造图

2. 主料、辅料准备

（1）主料　主料主要是指塑料墙纸和无纺墙布。裱糊工程常用饰面材料有墙纸和墙布。墙纸主要有塑料墙纸、织物墙纸、金属墙纸、植绒墙纸；墙布主要有无纺贴墙布、玻璃纤维墙布、装饰墙布及化纤装饰墙布和锦缎等。本项目将重点阐述塑料墙纸和无纺贴墙布的裱糊技术。

1）塑料墙纸。塑料墙纸分为非发泡塑料墙纸、发泡墙纸和特种墙纸。目前，采用较多的是非发泡塑料墙纸，它是 PVC 面层经压花、印花处理的墙纸，包括压花塑料墙纸（图 6-3a）、印花塑料墙纸和压花印花塑料墙纸（图 6-3b）；另外，还有一种预涂胶塑料墙纸，在其背面预先涂有一层水溶性黏结剂，施工前将墙纸浸于水中，待黏结剂浸润后可直接贴在墙上。

压花图案为单色，富立体感，适用于清洁柔和的环境

既有立体感，又有丰富的色彩变化

a)   b)

塑料墙纸具有种类繁多、花色丰富、装饰效果好、施工方便、可擦洗等优点，以具有一定性能的原纸为基层，以每 80g/m² 纸为基材，涂以每 100g/m² 聚氯乙烯（PVC）树脂薄膜为面层，经复合、压花、发泡等特殊工序制成。

普通塑料墙纸是卷装，一般每卷长 10m、15m、30m、50m，每卷幅宽有 530mm、900mm、1000mm、1200mm 等几种，它们的厚度一般为 0.28 ～ 0.50mm。目前，家居装修常用幅宽为 530mm 的墙纸。

图 6-3　压花塑料墙纸和压花印花塑料墙纸
a）压花塑料墙纸　b）压花印花塑料墙纸

选购优质的墙纸才能保证施工质量，墙纸的图案、品种、色彩等均符合设计要求；此外，还需按以下几个方面选购墙纸。

① 看标志：正规厂家产品包装上都会有生产厂名、商标，生产日期、出厂批号及卷验号名称和国家标准代号，规格尺寸，可拭性符号、图案拼接符号等墙纸性能国际通用标志符号。墙纸产品标志标注举例如图 6-4 所示；墙纸墙布性能国际通用标志如图 6-5 所示。

② 数段数：根据国家标准的规定，长 10m/ 卷的墙纸、墙布，每卷一段，段长为 10m；长 50m/ 卷的墙纸、墙布，其质量等级不同，每卷的段数及段长也不同：优等品，每卷段数 ≤ 2 段、最小段长 ≥ 10m；一等品，每卷段数 ≤ 3 段、最小段长 ≥ 3m；合格品，每卷段数 ≤ 6 段、最小段长 ≥ 3m。

③ 判别材质：简单的方法是用火烧来判别。一般天然材质燃烧时无异味和黑烟，燃烧后的灰尘为粉末白灰；PVC 材质燃烧时有异味和黑烟，燃烧后的灰尘为黑球状。

④ 另外，选购时请商家出具厂家产品文件，以此来鉴别纸基的厚度、产品强度、耐摩擦度、耐水擦洗和绿色无害等是否为优。

2）无纺贴墙布。采用棉、麻等天然纤维或涤、腈等合成纤维，经无纺成型，涂布树脂及印花而成；耐折、耐擦洗、不褪色，纤维不老化、有一定的透气性；适用于各种建筑室内装饰，其中涤纶棉无纺墙布尤其适宜高级宾馆及住宅；其规格同普通塑料墙纸的规格。

选购墙布时，可参照选购质优墙纸的方法。

（2）辅料　裱糊施工的辅料主要是指裱糊用腻子等。

1）腻子用料。为了满足施工质量要求，常需现场配置有一定强度的腻子，配制腻子用的粉料、黏结剂、羧甲基纤维素。

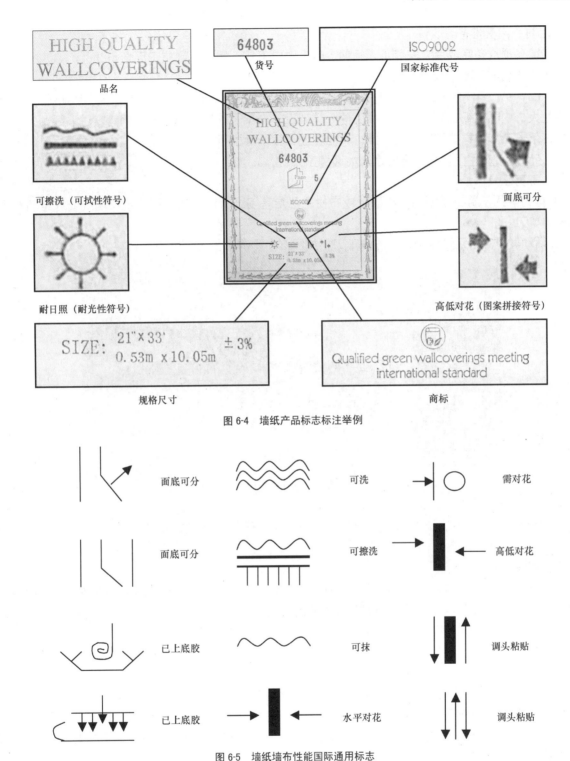

图 6-4 墙纸产品标志标注举例

图 6-5 墙纸墙布性能国际通用标志

2) 基层涂料（或称基膜）。基层涂料分为施工现场配制和市场销售的成品封底涂料两种。施工中，应根据实际需要选用。裱贴前，应在基层面上先刷一遍封闭用基层涂料，待其干后再进行裱糊，这样做是为了避免基层将胶水迅速吸掉，使其失去黏结能力，或因干得太快而来不及裱贴。吸水特别大的基层，如纸面石膏板，需涂刷封闭底油两遍。

3) 黏结剂。用于裱贴聚氯乙烯塑料墙纸和无纺贴墙布的黏结剂有所不同，也分现场调制和市场销售的专用黏结剂、成品胶粉，现场施工常用 901 胶、羧甲基纤维素溶液和白乳胶按一定比例配制而成。施工中应根据实际施工的需要选用。

3. 工具、用具准备

施工前各项准备完成后,安装工人师傅会带上主要工具、用具来到施工现场。

(1)工作台与苫布

1)工作台。工作台一般为木制,常制作成长 2m、宽 1m、高 0.7m 的工作台,供裁纸、刷胶用。如果剪裁大、中卷墙纸,可在工作台面上的一端架设一个架子,用一根铁棒或钢管穿过墙纸卷的轴心并将其放在架子上。这样拉开墙纸既方便,又能保证在裁纸时拉而不乱。

2)苫布。苫布用于裱糊墙纸时遮盖地面和家具。

(2)裁剪工具

1)剪刀。用于剪裁重型的纤维墙纸或布衬的乙烯基墙纸。对于较重型的塑料墙纸或纤维墙布,宜采用长刃剪刀。

2)活动裁纸刀。活动裁纸刀又称美工刀,如图 6-6 所示。

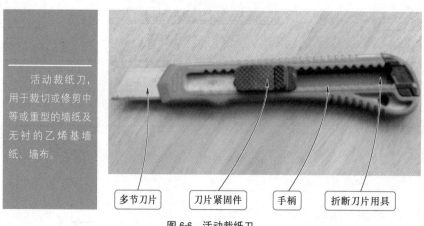

活动裁纸刀,用于裁切或修剪中等或重型的墙纸及无衬的乙烯基墙纸、墙布。

多节刀片　刀片紧固件　手柄　折断刀片用具

图 6-6　活动裁纸刀

3)铝合金直尺。自制干净的 1m 长铝合金直尺。一般与裁纸刀等裁切工具配合使用,用于压裁墙纸等。

(3)刮涂工具

1)刮板。用于刮、抹、压平墙纸或墙布。可用 0.35mm 厚的钢片或防火板自制,也可购买长 180mm、宽 120mm、厚 3mm 的硬质塑料板或玻璃钢刮片。

2)油灰铲刀。用于修补基层及剥除旧墙纸。

(4)刷具

1)羊毛刷。在裱糊过程中,羊毛刷用于刷涂黏结剂,应选用 4 寸或 3 寸羊毛刷,目前在施工工地上多选用绒毛辊筒代替羊毛刷滚涂黏结剂、底胶和墙纸保护剂。

2)墙纸棕刷。墙纸棕刷是裱糊的重要工具,用于将墙纸、墙布抹实、压平、粘牢于基面上。宽度应不小于 30cm。有长毛、短毛之分,短毛棕刷适宜刷压乙烯基重型塑料墙纸;长毛棕刷适宜抹平金属等较脆型墙纸。

(5)辊筒

1)绒毛辊筒。在裱糊过程中绒毛辊筒用于滚涂黏结剂、底胶或墙纸保护剂。

2)橡胶辊筒。橡胶辊筒用于滚压铺平墙纸墙布。

(6)其他常用用具

1)钢卷尺。多选 5m 长钢卷尺,用于准确丈量裱贴基层尺寸和墙纸尺寸;裁割墙纸时,可有效避免出现裁割过长或不足现象。

2)线锤、弹线盒。用于在基层上弹出裱贴前的裱贴基准线。

3）塑料大盆、塑料水桶。塑料大盆、塑料水桶用于墙纸闷水。

4）注射用针管及针头、干净毛巾或湿海绵，如图 6-7 所示。

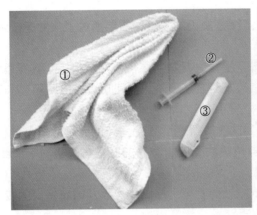

① 干净毛巾，用于擦拭溢出至墙纸表面的胶液。最好选用干净的海绵，因为用毛巾较难将墙纸压缝中的胶液清理干净。

② 用于抽空墙纸中央部位空鼓、气泡中的气体。抽空气体后，将胶液注入空鼓、气泡中，使其裱贴牢固。

③ 活动裁纸刀。

图 6-7 注射用针管及针头、干净毛巾等

另外，还需准备 2m 长铝合金直尺、水平尺、砂纸、登高用脚手架等。

工作过程二 裱糊施工前的技术准备

如果选择裱糊施工，在乳胶漆腻子刮抹完成后，需等橱柜、木门、地板等会产生灰尘的施工安装完成后，才可以进行裱糊施工。

一、不同基层塑料墙纸、无纺墙布裱糊施工工艺顺序及工艺要求

1. 水泥砂浆抹灰面、混凝土基层

（1）施工工艺顺序 室内墙面和顶棚表面上塑料墙纸、无纺墙布裱糊施工工艺顺序为：清扫检查基层、填补缝隙、磨砂纸→满刮第一遍腻子、磨平→满刮第二遍腻子、磨平→涂刷底胶一遍→墙面弹画裱贴基准线→墙纸浸水湿润→基层涂刷黏结剂→裁墙纸、刷背胶→纸上墙裱贴、拼缝、搭接、对花→赶压黏结剂气泡→裁边（在使用宽 920mm、1000mm、1100mm 等需要重叠对花的压延墙纸时进行）→擦净挤出的胶液→清理修整。

（2）裱糊施工工艺要求

1）清扫检查基层、填补缝隙、磨砂纸。内容同水泥砂浆抹灰面、混凝土基层室内墙面和顶棚表面上，乳胶漆中级施涂工艺要求。

2）满刮第一遍腻子、磨平。内容同水泥砂浆抹灰面、混凝土基层室内墙面和顶棚表面上，乳胶漆中级施涂工艺要求。

3）满刮第二遍腻子、磨平。内容同水泥砂浆抹灰面、混凝土基层室内墙面和顶棚表面上，乳胶漆中级施涂工艺要求。

4）涂刷底胶一遍。要保证每个地方都施涂到，力求薄且均匀。

5）墙面弹画裱贴基准线。底胶干后，用粉线盒按设计要求弹出第一根铺贴基准线，并以此为基准依次铺贴裱糊物，这样，可确保裱糊物垂直裱贴在基层上。

6）墙纸浸水湿润。首先要辨明准备裱贴的墙纸是否需要浸水湿润，如需要，应按施工说明进行浸水，确保裱糊物裱贴上墙干缩后，墙纸不开缝、脱胶。

7）基层涂刷黏结剂。按墙纸幅宽在即将裱贴墙纸的基层上均匀涂刷黏结剂，胶液要比墙纸稍宽些，

且要保证该处每个地方都施涂到，这是关键的施工工序。

8）裁墙纸、刷背胶。在墙纸背面均匀涂刷黏结剂，且要保证每个地方都施涂到，这也是关键的施工工序。

9）纸上墙裱贴、拼缝、搭接、对花。该道工序是施工的关键，需要通过工人的高技术水平，耐心、细心地来完成，不能有丝毫马虎。

10）赶压黏结剂气泡。当纸上墙裱贴、拼缝、搭接、对花后，需要用刮板等工具在表面墙纸上按一定工艺顺序满刮一遍，既可将墙纸与基层间的气泡及时赶压出来，又可确保墙纸更平整、更牢固地裱贴在基层上。要求工人技术水平高，同时还要有耐心和细心。

11）裁边（在使用宽920mm、1000mm、1100mm等需要重叠对花的压延墙纸时进行）。这一步是将墙纸两端多余的墙纸或重叠对花的压延墙纸剪裁掉的工序。裁割的好坏将直接影响最终的施工质量，所以要求裁割工具应锋利，工人应细心。

12）擦净挤出的胶液。该道工序是一幅墙纸裱贴的收尾工序。如果不及时将挤出的胶液擦净，胶液会很快凝固在墙纸表面上污染精美的面层而影响美观。

13）清理修整。按上述步骤一幅一幅裱贴墙纸直至完成整个墙面上的裱贴后，对所有裱贴物进行清理，并及时发现质量缺陷及时修整，以防竣工验收时质量不合格。

2. 石膏板基层

（1）施工工艺　室内墙面和顶棚表面上塑料墙纸、无纺墙布裱糊施工工艺顺序为：清扫基层、填补缝隙→黑自攻螺钉钉帽防锈处理→石膏板面接缝处嵌补腻子、贴绷缝带、磨砂纸→满刮第一遍腻子、磨平→满刮第二遍腻子、磨平→涂刷底胶→墙面弹线→墙纸浸水→墙纸、基层涂刷黏结剂→裁墙纸、刷背胶→上墙裱贴、拼缝、搭接、对花→赶压黏结剂气泡→裁边（在使用宽920mm、1000mm、1100mm等需要重叠对花的压延墙纸时进行）→擦净胶水→清理修整。

（2）裱糊施工工艺要求

1）石膏板面清理修补。内容同石膏板面基层表面上乳胶漆施涂的工艺要求。

2）黑自攻螺钉钉帽防锈处理。内容同石膏板面基层表面上乳胶漆施涂的工艺要求。

3）石膏板面接缝处嵌补腻子、贴绷缝带、磨砂纸。内容同石膏板面基层表面上乳胶漆施涂的工艺要求。

4）满刮第一遍腻子、磨平。内容同水泥砂浆抹灰面、混凝土基层室内墙面和顶棚表面上，乳胶漆中级施涂工艺要求。

5）满刮第二遍腻子、磨平。内容同水泥砂浆抹灰面、混凝土基层室内墙面和顶棚表面上，乳胶漆中级施涂工艺要求。

6）涂刷底胶→墙面弹线→墙纸浸水→墙纸、基层涂刷黏结剂→裁墙纸、刷背胶→上墙裱贴、拼缝、搭接、对花→赶压黏结剂气泡→裁边（在使用宽920mm、1000mm、1100mm等需要重叠对花的压延墙纸时进行）→擦净胶水→清理修整。内容同水泥砂浆抹灰面、混凝土基层塑料墙纸、无纺墙布裱糊施工工艺要求。

3. 木基层

（1）室内墙面和顶棚表面上无纺墙布裱糊施工工艺顺序　清扫木基层、填补绷平缝隙、磨砂纸→第一遍满刮腻子、磨平→第二遍满刮腻子、磨平→第三遍满刮腻子、磨平→涂刷底胶一遍封闭底层→墙面弹线→预拼、试贴→裁纸、编号→刷胶→上墙、裱糊→拼缝、搭接、对花→赶压黏结剂气泡→裁边→擦净挤出的胶液→清理修整→养护。

（2）裱糊施工工艺要求　内容可参照石膏板基层室内墙面和顶棚表面上塑料墙纸、无纺墙布裱糊施工工艺要求。

二、确定裱糊方法

施工前，应根据具体设计构思来确定裱糊方法。常用以下几种裱糊方法。

1. 搭接裱糊法

具体方法与步骤如图 6-8 所示。该方法适用于无图案的墙纸和需要重叠对花的幅宽为 760 ~ 900mm、920 ~ 1200mm 的墙纸。幅宽为 760 ~ 900mm 的中卷墙纸，纸边虽然为光边，但花纹需搭接才能对齐，搭接处影响美观，目前已较少采用；幅宽为 920 ~ 1200mm 的大卷墙纸，纸边为毛边，无法直接对花，所以，只能以搭缝裁切的方法来裱贴。

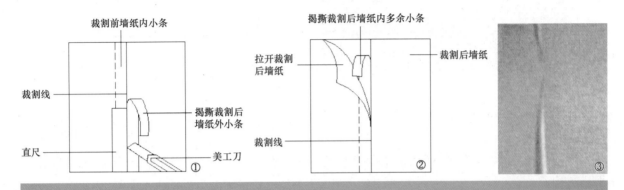

① 在相邻两幅墙纸的拼接处，后贴的一幅墙纸重叠搭压在前一幅墙纸上 30mm 宽左右，待黏结剂干到一定程度（约裱糊后 30min）后，用铝合金直尺（或钢尺、塑料刮板）结合裁纸刀在搭接重叠范围的中线处将两层墙纸割透。

② 揭撕裁割后墙纸外小条，需揭开墙纸才能将裁割后墙纸内小条撕下。

③ 两小条墙纸撕掉后，为保证接缝粘贴密实、牢固，需在该处墙面上补刷胶液 1~2 次，然后进行赶胶、排气泡，最后及时擦除溢出的胶液 2 ~ 3 遍即可。

图 6-8　搭接裱糊法

裁切搭接长的墙纸时，要两人合作，刀刃必须锋利。一人将钢尺压稳在裁切处并确保不能有晃动，另一人用刀裁切一次直落到底，裁割时用力要均匀、适当，避免出现搭接处墙纸面层有刀痕或起丝，以及基层面被划出深痕的情况。

2. 拼接裱糊法

拼接裱糊法适用于幅宽为 530 ~ 600mm 的小卷墙纸，此类墙纸的纸边为光边，出厂前已裁切整齐并满足了对花的要求。该裱贴方法可保证有图案墙纸、墙布图案的完整与连续。

3. 水平式裱糊法

水平式裱糊法如图 6-9 所示，是一种将墙纸横向裱糊于周边墙面上的施工方法。

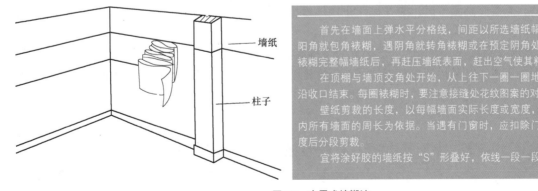

首先在墙面上弹水平分格线，间距以所选墙纸幅宽为依据，遇有阳角就包角裱糊，遇阴角就转角裱糊或在预定阴角处搭接收口，直至裱糊完整墙纸后，再赶压墙纸表面，赶出空气使其粘贴牢固。

在顶棚与墙顶交角处开始，从上往下一圈一圈地裱糊至踢脚板上沿收口结束。每圈裱糊时，要注意接缝处花纹图案的对接吻合、无离缝。

壁纸剪裁的长度，以每幅墙面实际长度或宽度，甚至是一个房间内所有墙面的周长为依据。当遇有门窗时，应扣除门窗洞口长度或宽度后分段剪裁。

宜将涂好胶的墙纸按"S"形叠好，依线一段一段展开裱糊。

图 6-9　水平式裱糊法

4. 斜式裱糊法

斜式裱糊法如图 6-10 所示，是一种将墙纸按 45° 斜角裱糊于墙面上的施工方法，有着独特的装饰效果，但会浪费约 25% 的墙纸。

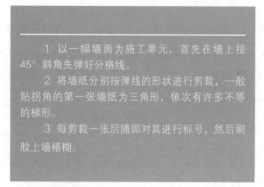
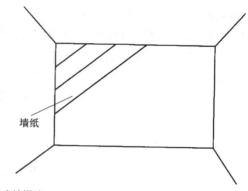

① 以一幅墙面为施工单元，首先在墙上按45°斜角先弹好分格线。

② 将墙纸分别按弹线的形状进行剪裁，一般贴拐角的第一张墙纸为三角形，依次有许多不等的梯形。

③ 每剪裁一张后随即对其进行标号，然后刷胶上墙裱糊。

墙纸

图 6-10　斜式裱糊法

三、裱糊施工基层检查、处理

1. 基层检查

水泥砂浆抹灰面、石膏板材和木质板面基层检查的对象、内容、使用工具检查时的方法等同乳胶漆施工基层检查。

2. 基层处理

（1）水泥砂浆抹灰面基层处理方法　其内容详见项目四工作过程二。

（2）石膏板材基层和木质板面基层处理及石膏板钉眼防锈方法　其内容详见项目四工作过程二。

（3）嵌缝和绷缝处理　刮腻子前，还要进行不同基层的嵌缝和绷缝处理。木质板材基层缝隙处理方法如下：

1）先将基层的接缝、不锈钢枪钉眼等用油性石膏腻子填平，注意不要使用防锈漆点嵌。

2）接着，在接缝处裱贴上"的确良"白布条，而不能裱贴抗裂湿强白纸带或穿孔牛皮纸带。

因为木板干缩时张力较大，很容易崩裂纸带。而用"的确良"白布条裱贴缝隙处可有效抑制由于干缩引起的裂缝。

不同的基层嵌缝和绷缝处理后，即可进行刮腻子施工。

四、基层刮腻子、砂磨

1）视基层情况，满刮腻子一遍或数遍找平，原则上基层较平整的石膏板面上刮腻子遍数要比水泥砂浆抹灰面上少。

2）水泥砂浆抹灰面基层刮腻子前的准备、配腻子、满刮第一遍腻子、砂磨腻子、满刮第二遍腻子、砂磨腻子等方法与乳胶漆施工的水泥砂浆抹灰面基层刮腻子、砂磨相同。如裱贴无纺贴墙布，由于该墙布的盖底力较差，基层满刮腻子时，需在黏结剂中适量掺入白色涂料。最后一遍施工后，要保证腻子层表面平整、光洁。

3）石膏板基层满刮腻子、砂磨的方法与乳胶漆施工的石膏板基层刮腻子、砂磨相同。

在一般裱糊施工中，常采用搭接裱糊法和拼接裱糊法，如遇到为突出个性而追求表面装饰效果的裱糊工程，则往往采用水平式裱糊法和斜式裱糊法。

工作过程三　塑料墙纸、无纺墙布裱糊施工

一、水泥砂浆抹灰基层平整内墙面塑料墙纸裱糊施工

1. 施工前施工条件再检查

一般裱糊的环境温度不宜低于5℃，湿度应大于85%，风雨天均不得施工。抹灰基层的含水率如大

于8%，不得裱糊施工墙纸。

2. 施工前内墙基层再处理、裱糊物质量再检验

（1）内墙基层再处理　即裱糊基层封闭处理。在裱糊前，需要对已处理干净的腻子层喷刷封底涂料或底胶以进行封闭处理。这样，既可以防止腻子层吸水太快，导致黏结剂脱水过快而影响墙纸、墙布的粘贴效果；又可以很容易地将黏结剂刷涂均匀。刷涂封底涂料不宜过厚，厚薄应均匀一致。腻子层封闭处理有以下三种情况。

1）一般情况下，可选用封底涂料施涂。封底涂料又分为成品封底涂料和现场配制封底涂料两种。施涂成品封底涂料时，只需按施工说明进行即可；现场配制封底涂料要求按不同基层需要选配不同的封底涂料，然后施工。不同基层所需封底涂料配比如下。

用于抹灰墙面的901胶封底涂料，其用料及配比为

901胶：2.5%羧甲基纤维素（化学糨糊）：水（质量分数）＝1：0.2：1

用于抹灰墙面、石膏板及木基层的清油封底涂料，其用料及配比为

调和清漆：松节油（质量分数）＝1：3

用于多种基层面的乳胶漆封底涂料，其用料及配比为

乳胶漆：水（质量分数）＝1：5

2）相对湿度较大的南方地区或室内易受潮的部位，在裱糊施工前应调和清漆刷墙面，这样既方便以后更换墙纸，又能增进防水、防霉效果和有效隔离墙体内酸碱物质的渗出。

3）在终年相对湿度较小的地区或室内干燥通风部位，一般采用1：1的901胶水溶液刷涂基层。

（2）裱糊物质量再检验　选购的墙纸必须进行质量验收，才能保证施工质量。

1）再检验产品批号、编号。看产品是否为同一批号同一编号，有的墙纸尽管是同一编号，但由于生产日期不同，颜色上有可能会有细微差异。

2）再检查墙纸的数量。根据设计要求和选定的裱贴方法，再检查数量是否已满足施工需要。

3）检验外观质量。将墙纸卷外包装拆开并拉出一段墙纸，按墙纸的外观质量检验标准（表6-1）进行外观质量检验。

表6-1　墙纸的外观质量检验标准

项次	缺陷名称	一等品	二等品
1	色差	不允许有明显差异	允许有明显差异但不影响使用
2	折子	不允许有	允许底纹有明显折印，但墙纸表面膜不允许有死折
3	漏印或光面	不允许有	每卷允许有长度不超过1m的漏印或光面段3处
4	污染点	允许有目视不明显的污染点	允许有目视明显的污染点，但不允许密集
5	漏膜	不允许有	每卷允许有长度不超过0.5m的漏膜段3处
6	发泡	发泡与不发泡部位无明显界限	发泡与不发泡部位有明显界限
7	套色精度	偏差不大于1mm（十字中心线）	偏差不大于2mm（十字中心线）
8	每卷接头数	允许有接头3个，每段不少于2.7m，有接头段总长度应增加0.3m	允许有接头3个，每段不少于2.7m

如果已购买有色差的产品，能退换时应及时退换，否则应在粘贴前进行颜色挑选搭配，把同一颜色的贴到同一房间或同一面墙上；图案没有上下之分者，可以上下颠倒粘贴，进行拼色补救。

3. 裱糊

裱糊的基本原则：先垂直面后水平面，先细部后大面，垂直面先上后下，先垂直后对花，先长墙

面后短墙面,水平面先高后低。一般在门边或阴角,由上向下张贴第一幅墙纸,主要墙面应裱贴整幅墙纸,不足幅宽的墙纸,应裱贴在不明显部位或阴角等处。下面介绍530mm宽塑料墙纸在平整墙面上对接裱糊的方法与步骤。

(1)顶棚为平顶时,一面平整墙的裱糊

1)弹线。每个墙面在墙纸裱糊前都应挂铅锤弹出直线,或者使用激光水平仪在墙面上标出水平线和垂直线,作为裱贴基准线,尤其要弹准第一幅墙纸的裱贴基准线。然后,从第二幅墙纸起,就可以先上端后下端对缝依次裱糊。弹线前既要知道所选墙纸的宽度,又要了解墙纸施工的方法是对接还是搭接。因为墙纸的宽度不同,弹线的间距就不同。施工方法不同,弹线的间距也不同:若采用对接施工,则弹线宽度与所选墙纸宽度相同;若采用搭接施工,则弹线要比墙纸窄一个搭接宽度。下面以幅宽为530mm的墙纸采用对接施工为例,介绍裱贴前几种不同平整墙面上的弹线。

① 无窗墙面:无窗墙面弹线分两种情况,第一种情况如图6-11a所示,第二种情况如图6-11b所示。

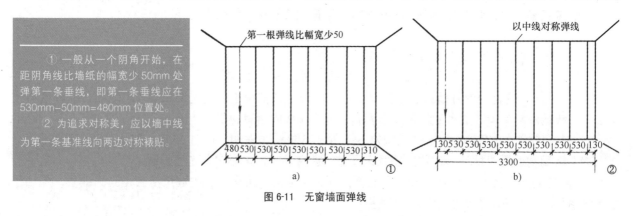

图6-11 无窗墙面弹线

② 中间窗墙面:中间窗墙面即窗户在墙中间位置,其弹线方法如图6-12所示。

③ 偏窗墙面:偏窗墙面即有柱子的墙面,弹线分两种情况,第一种情况如图6-13a所示,第二种情况如图6-13b所示。

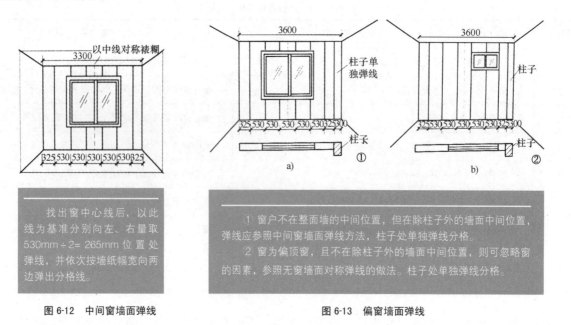

图6-12 中间窗墙面弹线

图6-13 偏窗墙面弹线

2)裱糊下料。即按尺寸剪裁墙纸。剪裁前,应先了解房间基本尺寸,再根据房间大小、墙纸幅宽及设计要求剪裁。对有花纹或有图案的墙纸,要预先考虑其拼接效果,先预排,以保证其对接无误。下刀裁减前，还要认真复核尺寸有无出入，以保证施工质量。剪裁不对花墙纸的每幅长度为墙体高度加上100mm，剪裁对花墙纸则要考虑图案的对称性。

剪裁墙纸、墙布时，室内环境应干净，尤其是工作台、地面上应无污物；也可在地面上平铺干净的夹板或泡沫垫后，将墙纸正面朝下展开，在其背面量取需要的尺寸后用长刃剪刀平直裁剪，减下来的墙纸按裱糊顺序进行分幅编号并卷起平放，绝不能立放。剪裁的墙纸较长时，应将尺子两端用活动卡具固定于裁纸工作台上，保证尺子不会移动。裁纸时，按紧尺子使之保持不动，将锋利的刀刃垂直并紧贴于尺边；行刀中途不得停顿或改变持刀角度，应一刀切透，才能保证墙纸边缘平直整齐，无毛刺、飞边。当该块被剪裁墙纸裱糊的所在位置正好位于门套正上方或窗套正上、下方墙面上时，剪裁方法如图 6-14a 所示；若该块被剪裁墙纸裱糊的所在位置既与门窗套横套线相交，又与门窗套竖套线相交，则剪裁方法如图 6-14b 所示。

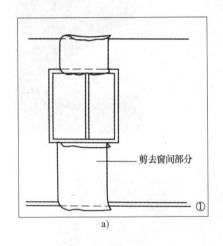
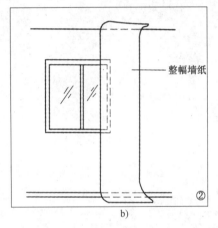
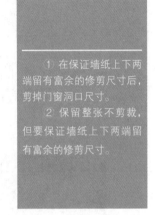

图 6-14　窗套处墙纸的剪裁

3）黏结剂配制。具体配制种类与方法如下。

① 可选用专用黏结剂裱贴聚氯乙烯塑料墙纸，如 SG8104 墙纸粘剂、BJ8505 粉末墙纸胶、BA-1型和 BA-2 型粉状墙纸黏结剂，只要按照产品说明书进行施工即可。

② 除选用市场上的专用黏结剂外，大多在施工现场自制黏结剂。用于裱贴聚氯乙烯塑料墙纸的黏结剂有以下五种。

a. 纯 901 胶液。

b. 901 胶：水（质量分数）=1：（0.25 ~ 0.6）。

c. 901 胶：2.5% 羧甲基纤维素（化学糨糊）：水（质量分数）=1：0.3：0.6。

d. 901 胶：聚醋酸乙烯乳液（白乳胶）：水（质量分数）=1：0.2：0.5。

e. 白乳胶（加少量 901）：2.5% 羧甲基纤维素：水 =1：3：适量。

在以上五种黏结剂中，后面的两种还适用于阴角搭缝处和拼缝处的胶粘。

调配黏结剂加入羧甲基纤维素溶液有三大好处：使胶液保水性好，不致使胶液过稠或过稀，并能有效地控制胶液流淌；保持胶液黏滑，便于涂刷而不粘刷具；增强了黏结力，避免或减少翘角、起泡等质量问题。但加入过多则会降低胶液的黏结力。

现场调制黏结剂时，应由专人负责，按比例充分搅拌均匀。注意准确判断其黏稠度是否适中，否则会给施工带来不便。判断检验时，可以将一根筷子插入调好的胶水中。如果筷子倒下，表明胶水太稀，水加得太多；筷子直立，表明胶水黏稠度基本适当，可用于施工。施工前要用 400 孔 /cm² 筛子过滤后方可使用，应当日用完。

调配时要保持环境的干净整洁，不能同时打扫施工现场，刮大风时要关闭门窗以防灰尘混入黏结剂中。

4）润纸。又称为闷水，具体施工方法如图6-15所示。将墙纸尤其是遇水有伸缩的纸基塑料墙纸进行湿润，是湿贴法的重要施工环节。塑料墙纸遇水会膨胀，5～10min后涨足，干燥后会自行收缩，润湿的塑料墙纸粘贴上墙后就会随着水分的蒸发而绷紧。如果在干纸上刷胶后立即上墙，此类墙纸虽被胶固定，但会继续吸取黏结剂中的水分而膨胀，因此会在裱糊面上出现大量气泡、皱褶从而不符合质量要求。湿贴的方法现在采用得较少，一般直接采取干贴法，主要是因为湿贴方法存在一定缺陷，泡水后的墙纸虽更加柔软服帖、更好操作，但是水分渗入墙纸，胶水很难附着在纸的表面，容易引起翘皮现象；干贴法则是直接在墙纸背面涂刷胶水，然后将墙纸折叠起来放置片刻，使墙纸变软后再铺贴，强度比湿贴增加一倍以上，且缝口两边也不容易产生起翘现象，具体施工方法如图6-16所示。

① 将墙纸浸在水中，用双手反卷墙纸直至将一卷墙纸反卷完。
② 将其平放静置以保证墙纸润湿，等待刷胶裱糊。

图 6-15　墙纸浸水法

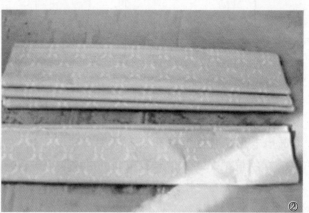

① 用羊毛排笔或羊毛辊筒刷涂墙纸黏结剂时，将裁好的墙纸正面向下平铺在案台上，一端与台案边对齐，然后分段刷胶。要求胶液薄且均匀，不能漏刷见底，特别注意四周边缘需要涂满胶水，以确保施工质量。
② 刷好胶水后，将墙纸胶面对胶面、背面对背面对折叠成S形，对折的时候要注意避免将墙纸表面和背面对上。放置5～10min，让纸基吸胶展平，这时候不得施加外力，以免壁纸出现折痕，使胶液完全透入纸底，同时也要防止黏结剂变干及饰面污损。

图 6-16　墙纸背面刷胶及其叠放

5）涂刷黏结剂。除PVC塑料墙纸只刷基层外，裱糊其他的塑料墙纸，均应在其背面和裱糊基层表面涂刷黏结剂，以增强墙纸的黏结能力。

① 墙纸背面刷胶：墙纸背面刷胶一般在工作台上进行，其刷胶及墙纸存放如图6-16所示；有背胶的塑料墙纸，无须背面刷胶，只要将裁好的墙纸浸泡在装水的水槽中，图案面向外由底部开始将其卷成一卷，过1min即可裱糊。

② 墙面刷胶：对于平整大面墙，可用绒毛辊筒蘸足胶料在其上均匀滚涂胶液，方法同滚涂乳胶漆。每次刷胶的宽度，要比墙纸幅宽宽出20～30mm，目的就是防止涂刷上墙的黏结剂边缘变干而失去黏

结力。滚胶时，始终不能滚得过厚、裹边、起堆，否则胶液会溢出过多而污损饰面；也不能滚得过少，否则会因为滚胶不到位而造成墙纸黏结不牢、起泡、脱落。当遇到墙、顶面阴角处时，先用辊筒将胶液滚刷至该处，再用羊毛刷在该处增刷胶液 1 ~ 2 遍。

6）裱贴、修剪墙纸。要按接缝、对花整齐无开缝的裱贴质量要求来裱糊墙纸。

① 裱贴、修剪第一幅墙纸：

第一步，裱贴第一幅墙纸，一般应为整幅墙纸。裱贴方法与步骤如图 6-17 所示。

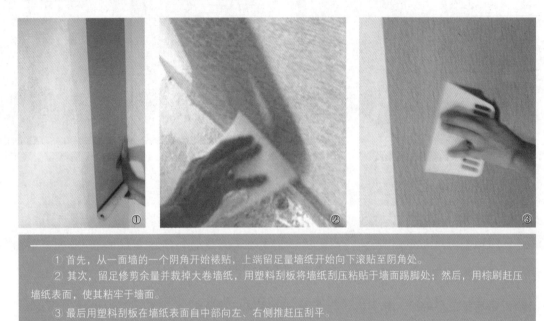

① 首先，从一面墙的一个阴角开始裱贴，上端留足量墙纸开始向下滚贴至阴角处。
② 其次，留足修剪余量并裁掉大卷墙纸，用塑料刮板将墙纸刮压粘贴于墙面踢脚处；然后，用棕刷赶压墙纸表面，使其粘牢于墙面。
③ 最后用塑料刮板在墙纸表面自中部向左、右侧推赶压刮平。

图 6-17　裱贴第一幅墙纸

第二步，修剪第一幅墙纸。每一幅墙纸贴完后，都要裁割掉墙顶交界阴角处、踢脚板等收口处的多余墙纸，修剪方法与步骤如图 6-18 所示。

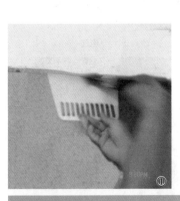

① 及时用锋利的裁纸刀配合塑料刮板沿墙顶交界阴角线，裁割该处多余的墙纸。
② 用手指配合塑料刮板，揭撕掉顶角线处裁割后的多余墙纸。
③ 用同样的方法，裁割并揭撕掉踢脚板与墙面收口处的多余墙纸。

图 6-18　修剪第一幅墙纸

② 裱贴、修剪第二幅墙纸：

第一步，裱贴第二幅墙纸。在刚贴好第一幅墙纸的边墙上刷胶后，上端留足量墙纸开始向下滚贴，方法同裱贴第一幅墙纸。裱贴方法与步骤如图 6-19 所示。

第二幅墙纸　第一幅墙纸

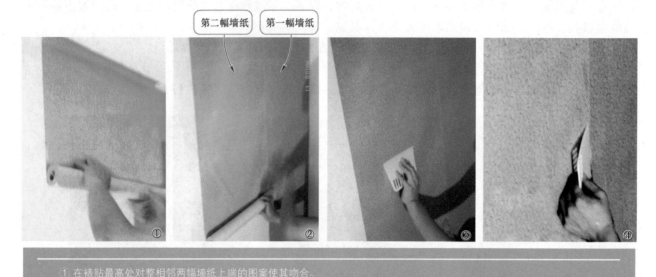

① 在裱贴最高处对整相邻两幅墙纸上端的图案使其吻合。
② 从上向下边对整图案边拼紧相邻两幅墙纸的接缝，向下滚贴至阴角处。
③ 用刮板在墙 纸表面从中间部位向四周赶压刮平墙纸。
④ 将墙纸拼缝处赶压密实，并及时在缝隙处用干净的毛巾蘸掉被赶压出的胶液。

图 6-19　裱贴第二幅墙纸

第二步，修剪第二幅墙纸，修剪方法与步骤同修剪第一幅墙纸。

③ 裱贴、修剪第三幅至最后一幅整幅墙纸：用以上方法完成墙面其他整幅墙纸的裱贴、修剪。

④ 裱贴、修剪非整幅墙纸：应按"滚胶→裱贴→刮压大面、收压边线→裁边"的施工步骤，来完成一面墙上最后一幅不足整幅墙纸的裱贴。墙纸绕过阴角至另一面墙 50mm，不宜超过 100mm，阴角处墙纸搭缝时，应先裱贴压在里面的转角墙纸，再裱贴非转角处的正常墙纸。滚胶的方法与步骤如图 6-20 所示；裱贴的方法与步骤如图 6-21 所示；刮压大面、收压边线的方法与步骤如图 6-22 所示。修剪非整幅墙纸的方法与步骤同修剪第一幅墙纸。最后用干毛巾或湿海绵擦拭清理干净墙纸表面。

凸起物　辊筒　　　　凸起物　电线

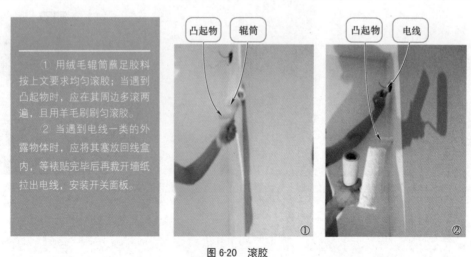

① 用绒毛辊筒蘸足胶料按上文要求均匀滚胶；当遇到凸起物时，应在其周边多滚两遍，且用羊毛刷刷匀滚胶。
② 当遇到电线一类的外露物体时，应将其塞放回线盒内，等裱贴完毕后再裁开墙纸拉出电线，安装开关面板。

图 6-20　滚胶

通过上述步骤与方法，就完成了一平整墙面的裱糊。其他平整墙面的裱糊，可用同一方法完成。

（2）顶棚有造型时，一面平整墙的裱糊　在该类型墙面上裱糊墙纸，同样需按"弹线→裱糊下料→黏结剂配制→润纸→涂刷黏结剂→墙纸的裱贴、修剪"这六道工序来完成。前四道工序的操作方法与步骤,与顶棚为平顶时一面平整墙的裱糊相同。只有第五、六道工序有一点不同,就是在造型处涂刷黏结剂和墙纸的裱贴、修剪,其方法与步骤如下:

1)墙顶造型收口处墙纸裱贴、修剪的方法与步骤如图 6-23 所示。完成上述步骤后,就可以对该幅墙纸进行刮压大面和收压边线的工作,其方法与步骤如图 6-22 所示。

2)窗套上方墙顶造型收口处墙纸裱贴、修剪,方法与步骤如图 6-24 所示。

3)圆弧顶棚与梁交界造型收口处墙纸裱贴、修剪,方法与步骤如图 6-25 所示。

重复同样的方法与步骤,直至完成所有同类型墙面的墙纸裱糊。

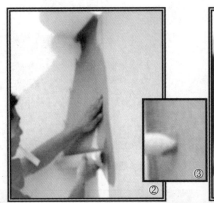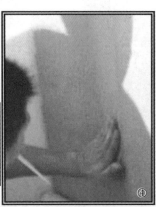

① 按第二幅墙纸的裱贴方法自上而下裱贴最后一幅墙纸。
② 当基层有卸不下来的设备或凸出物时,应将墙纸舒展地裱在基层上。
③ 找到中心点并用剪刀沿斜十字对角将遮盖设备或凸出物的墙纸、墙布剪开至四角,然后剪去不需要的部分,使凸出物四周不留缝隙。
④ 进行对缝裱贴。

图 6-21　裱贴最后一幅墙纸

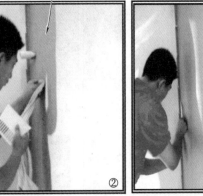

绕过阴角的 50mm 宽墙纸

绕过阴角的 50mm 宽墙纸

① 使用刮板和干净的毛巾在墙纸面上自顶角开始向下刮压气泡,遇到凸起物时先推压其周围墙纸使其牢固粘接。
② 刮压大面向两侧至阴角线处和接缝处,并及时用湿布蘸除从接缝中挤出的胶液。
③ 用塑料刮板刮压墙阴角收口处的压缝收边,并及时用湿布蘸除从接缝中挤出的胶液。
④ 用塑料刮板刮压踢脚板阴角收口处压缝收边。
⑤ 及时用湿布蘸除从接缝中挤出的胶液。

图 6-22　刮压大面、收压边线

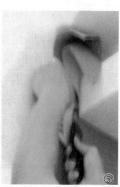

①用绒毛辊筒蘸适量胶料，在造型处周边仔细多滚两遍，要求滚胶均匀，不能过厚、裹边、起堆，然后用羊毛刷刷匀滚胶处。

②将该幅墙纸自上而下裱贴上墙并初步刮压平整后，双手配合，将预留的塑料墙纸在顶棚收口处展开、展平。

③左手将展平的塑料墙纸按压在顶棚上，右手拿美工刀从造型收口内拐角处（顶棚与墙面交界处）向外斜向裁割开墙纸。

④分开墙纸，将裁割开的小块墙纸向上按压粘贴在墙面上。

⑤用锋利的美工刀配合塑料刮板，修剪多余墙纸。

图 6-23　墙顶造型收口处墙纸裱贴、修剪

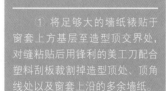
①将足够大的墙纸裱贴于窗套上方基层至造型顶交界处，对缝粘贴后用锋利的美工刀配合塑料刮板裁割掉造型顶处、顶角线处以及窗套上沿的多余墙纸。

②刮压墙纸表面，赶出气泡使墙纸牢固粘贴于基层上。

③推压造型处墙纸，赶出气泡使墙纸牢固粘贴于基层上。

④侧立塑料刮板，用刮板的一角侧刮弧形顶棚阴角线，进一步使墙纸牢固粘贴在基层上。

图 6-24　窗套上方墙顶造型收口处墙纸裱贴、修剪

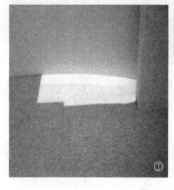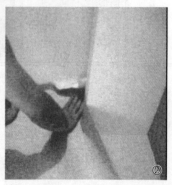

图 6-25　圆弧顶棚与梁交界造型收口处墙纸裱贴、修剪

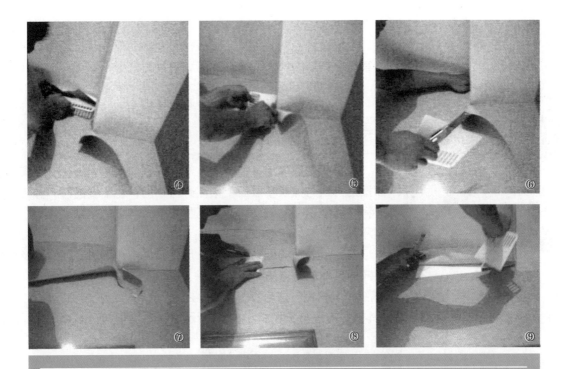

　　① 由于圆弧顶棚与横梁交界收口处较为复杂，正常施工不能达到要求，因此必须将其他容易裱贴的地方先贴好，空余一块以便最后裱贴。

　　② 将足够大的墙纸裱贴于刷胶后墙面的空余处，要求墙纸左边界对缝。

　　③ 展平墙梁交界收口处墙纸后，右手按压住墙纸贴紧在横梁上，左手拿裁纸刀沿横梁阳角线的下沿裁割开多余墙纸。

　　④ 用锋利的美工刀配合干净的塑料刮板，裁割掉圆弧顶棚阴角线收口处多余墙纸，并按压墙纸粘贴于拐角基层，完成墙纸上边界裱糊纸。

　　⑤ 用锋利的美工刀配合干净的塑料刮板，裁割掉与梁交界收口处的多余墙纸。

　　⑥ 用手指按压墙纸粘贴于拐角基层。

　　⑦ 用锋利的美工刀裁割掉多余的墙纸并留有足量，注意不能割破已裱糊好的墙纸面。

　　⑧ 用锋利的美工刀配合干净的塑料刮板进行搭接裁割，刀的用力以裁割透两层墙纸为准。

　　⑨ 撕揭裁割后的底层墙纸小条，并补刷胶液，然后将墙纸粘贴至墙面上，最后刮压墙纸至符合质量要求。

图 6-25　圆弧顶棚与梁交界造型收口处墙纸裱贴、修剪（续）

二、石膏板基层平整内墙面、柱面塑料墙纸裱糊施工

1. 施工前施工条件、施工工具再检查

（1）施工条件再检查　施工条件和抹灰基层面裱糊的施工条件相同，要确保满足施工要求。

（2）施工工具再检查

1）再检查工作台。应检查工作台是否有松动，其表面是否有上次施工留下的胶痕。如有松动应及时钉牢，有胶痕应及时铲除。

2）再检查剪裁工具。应检查剪刀锋利度，并确保剪刀已磨过。如活动裁纸刀片已用过或已生锈应更换。

3）再检查刮涂工具。对新购刮板，必须确保其完整光洁，不能有破损、毛边等现象，一旦有毛边就要砂磨；新购墙纸刷，则必须进行处理并除掉掉毛后方可使用。

4）再检查滚、刷涂工具。所选用的毛滚、胶滚均要清洗干净方可使用，胶滚面不得有破损、缺角等现象；刷涂工具中的羊毛刷、毛笔、画笔可以用上次的工具，但要保证刷毛不掉、不翘毛、有弹性，利于施工。

图 6-26　石膏板墙大面裱贴墙纸

5）另外，刮板、5m 钢卷尺、水平尺、水桶、注射用针管及针头、毛巾、细砂纸等工具必须保持干净、完好，且在使用时要注意保持其表面的洁净。还要检查登高脚手架的安全牢固等。

2. 施工前内墙基层再处理、裱糊物质量再检验

方法同水泥砂浆抹灰基层平整内墙面塑料墙纸裱糊施工前内墙基层再处理、裱糊物质量再检验。

3. 裱糊

石膏板基层内墙多为隔墙，常会遇到门洞等构造件，石膏板墙大面裱贴方法与抹灰基层面上裱糊方法相同，也需要通过"弹线→裱糊下料→黏结剂配制→润纸→涂刷黏结剂→墙纸的裱贴、修剪"一系列工序来完成，如图 6-26 所示。

当完成整幅墙纸的裱糊至不足整幅的门边墙时，门边墙及门框等细部的具体施工方法与步骤如下。

1）门框边墙、门框上部墙裱贴墙纸，其裱糊方法与步骤如图 6-27 所示。

2）门框的顶面基层裱贴墙纸，其裱糊方法与步骤如图 6-28 所示。

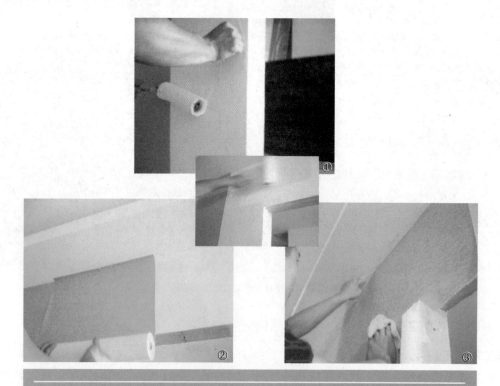

① 用绒毛辊筒蘸足胶料，在门框边墙上滚胶，要求滚胶均匀。滚胶时，如墙面上出现污杂物（如疙瘩、辊筒绒毛等），要及时清理掉，以免影响面层美观。

② 自顶角开始整幅向下裱贴至踢脚板处，要保证墙纸接缝整齐、墙纸平整，两端留有足量供修剪墙纸，此时整幅墙纸会遮盖住门洞一部分。

③ 接着，裁割掉顶角、踢脚板处、门框处的多余墙纸。为保证门框阳角处墙纸无拼缝，必须使门框处墙纸绕过墙角并宽出门框 100mm 左右（正常阳角处绕过墙角的墙纸不得少于 50mm 宽），且将其 45° 裁开至门框左上角处。

用刮板赶压墙纸表面，赶出气泡使裱糊面平整，并及时蘸除缝隙处溢出的胶液，且用干净毛巾清理表面，确保墙纸粘贴牢固。

图 6-27　门框边墙、门框上部墙裱贴墙纸

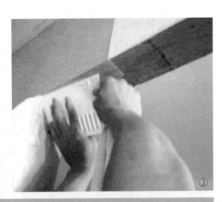

① 用手指将门框处角裁开的墙纸折过门框阳角，并将墙纸按压粘贴在滚胶后的木门框上。
② 用干净的塑料刮板从顶角线向下赶压至门框阳角处，赶出气泡使裱糊面平整。
③ 用干净的塑料刮板从阳角线向内侧赶压、赶出气泡使裱糊面平整。

图 6-28　门框的顶面基层裱贴墙纸

3）门框的侧面基层裱贴墙纸，其裱糊方法与步骤如图 6-29 所示。

① 用手指将门框处角裁开的墙纸折过门框阳角，并将墙纸按压粘贴在滚胶后的木门框上。

② 用干净的塑料刮板从阳角线向内侧赶压，赶出气泡使裱糊面平整。

③ 用干净的塑料刮板刮压门框上收口处墙纸，赶出气泡，并用干净毛巾清理，使裱糊面平整。

④ 用同样的方法刮压门框下收口处的墙纸，赶出气泡使裱糊面平整，确保墙纸粘贴牢固。

图 6-29　门框的侧面基层裱贴墙纸

三、抹灰面顶棚塑料墙纸裱糊施工

与墙面相比较，顶棚是更难贴的部位，特别是非正方形或不规则的顶棚，这是因为施工时必须仰着头登高裱贴，而且剪裁不规则的墙纸也很不容易。此外，天花板通常光线较亮，稍有瑕疵就会暴露无遗。如果天花板光滑平整，刷乳胶漆比贴墙纸合适。所以，抹灰面顶棚裱糊墙纸在一般工程中较少采用。下面简单介绍无造型抹灰面顶棚裱贴墙纸的方法。

1）贴墙纸前，先在地板上铺上旧报纸，搭好安全的踏板。踏板可用两个支架或两架人字梯架起一块脚手板制成，高度以人站上去头顶距天花板约 75cm 为宜。尽量把脚手板架得长些；若支架间距大于

1.5m，要用两块板叠起来，以加强承托力。如有灯具和电风扇等外部设备，应将其拆下。

2）裱糊天花板的墙纸，下料时，其两端都要比天花板裱贴尺寸长50mm。

3）施工时戴上护目镜，然后涂胶裱糊。调配胶料、顶棚滚刷胶料方法同抹灰墙面裱糊之调配胶料、滚刷胶料。

4）裱糊时要从靠窗的一边贴起，方向与墙平行。若房间内有两面墙上有窗，应沿较窄的方向贴过去。贴衬纸则不必在天花板上画基准线。衬纸应与开始贴的墙面对齐，一张张贴过去，边缘要对接。

5）常用推贴法裱糊，其方法与步骤如图6-30所示。

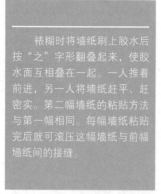裱糊时将墙纸刷上胶水后按"之"字形翻叠起来，使胶水面互相叠在一起。一人推着前进，另一人将墙纸赶平、赶密实。第二幅墙纸的粘贴方法与第一幅相同。每幅墙纸粘贴完后就可滚压这幅墙纸与前幅墙纸间的接缝。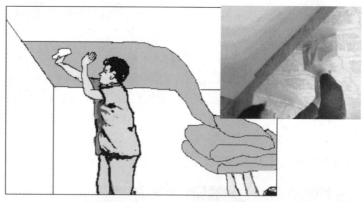

图6-30 顶面推贴法裱糊

四、木基层内墙无纺墙布裱糊

1. 施工前施工条件再检查

一般裱糊的环境温度不宜低于5℃，湿度应大于85%，风雨天均不得施工。抹灰基层的含水率如大于12%，墙布不得施工；冬期施工应在采暖条件下进行。

2. 施工前内墙基层再处理、裱糊物质量再检验

在裱糊前喷、刷封闭涂料或底胶对木基层进行封闭处理，方法同水泥砂浆基层面腻子层封闭处理。

3. 验收墙

布所选购的墙布必须进行质量验收，才能保证施工质量。

1）再检验产品批号、编号；再检查墙纸的数量。方法同墙纸。

2）检验外观质量。验收墙纸时，必须按标准进行外观质量检验。墙布外观质量检验标准见表6-2。

表6-2 墙布外观质量检验标准

疵点名称	一 等 品	二 等 品	备 注
同批内色差	4级	3～4级	同一色（300m）以内
左、中、右色差	4～5级	4级	指相对范围
前、后色差	4级	3～4级	指同卷内
深浅不均	轻微	明显	严重为次品
褶皱	不影响外观	轻微影响外观	明显影响外观为次品
花纹不符	轻微影响	明显影响	严重影响外观
花纹印偏	1.5cm以内	3.0cm以内	—
边疵	1.5cm以内	3.0cm以内	—
豁边	1.0cm以内3只	2.0cm以内6只	—
破洞	不透露胶面	轻微影响胶面	透露胶面为次品

（续）

疵点名称	一　等　品	二　等　品	备　注
色条色泽	不影响外观	轻微影响外观	明显影响外观为次品
油污水渍	不影响外观	轻微影响外观	明显影响外观为次品
破边	1.0cm 以内	2.0cm 以内	—
幅宽	同卷内不超过 61.5cm	同卷内不超过 62.0cm	—

4. 裱糊

1）按"裱糊前检查工具→弹线→墙纸剪裁操作→配胶料→墙面涂刷黏结剂→裱糊法确定→裱贴第一幅→裱贴第二幅→裱贴第三幅→裱贴最后一幅"的施工步骤来完成无造型顶的一面墙上墙纸的裱糊，每步施工工序的具体施工方法与抹灰基层塑料墙纸裱糊相同。

2）裱贴每一幅墙布都按"弹线→下料→配胶料→滚胶→裱贴→刮压大面、收压边线→裁边→清理面层"的施工工序进行。

现场调制用于裱贴无纺贴墙布的黏结剂用料与配比如下：

白乳胶：2.5% 羧甲基纤维素液：水 =5：4：1

3）墙布不能浸水，无纺贴墙布只在墙基上涂刷黏结剂；若在其背面涂刷黏结剂，则会使胶液渗透表面而影响质量。

4）遇到有门的木基层墙面裱糊墙纸，门边墙及门框、窗套上方与造型顶交界处、圆弧顶棚与梁交界处的裱糊方法与石膏板基层上墙纸的裱糊方法相同。

5）墙布在裱糊过程中及干燥以前，应防止穿堂风劲吹，并应防止室温突然变化。潮湿季节，除阴雨天外，白日打开门窗，加强通风，夜晚关闭门窗，以防潮气侵入。

工作过程四　裱糊饰面常见质量缺陷与整修

1. 表面有凸料点

（1）特征　如图 6-31 所示。

（2）原因

1）未清除干净基层表面的污物；未处理平整基层的凸起部分；砂纸打磨不够或漏磨。

2）使用的裱糊工具未清理干净，有杂物混入胶粘材料中。

3）操作现场周围有灰尘飞扬或污物落在刚滚胶的表面上，而未清理就裱糊。

（3）预防措施与缺陷整修　施工前，应清除干净基层表面的污物，特别是混凝土流坠的灰浆或接槎棱凸，

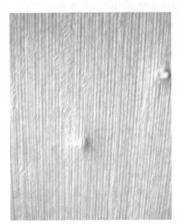

表面有凸起物或颗粒，不光洁、不平整。

图 6-31　表面有凸料点面层

需用铁铲或电动砂轮磨光。腻子等凸起部分要用细砂纸打磨平整；对表面粗糙的粉饰，可以用细砂纸轻轻打磨光滑，或用铲刀将小疙瘩铲除平整，并涂底油一道。

施工时，使用的黏结剂需要过筛（或过铜丝箩），保持黏结剂洁净；所用工具和操作现场也应洁净，以防止污物混入腻子或胶液中。如有污物混入胶液中，应及时清除。

施工后，裱糊物表面出现凸料点时，应将裱糊物揭掉，铲平凸料点后用细砂纸轻轻打磨平整，重新

墙纸的上端与顶角线、下端与踢脚板等或相邻墙纸间的连接缝隙超过允许范围，出现离缝，显露基层面。

图 6-32　裱糊物接缝不紧密面层

裱贴墙纸、墙布。

2. 接缝不紧密

（1）特征　如图 6-32 所示。

（2）原因

1）未按照量好的尺寸裁割墙纸、墙布，裁割的尺寸偏小，造成亏纸。

2）墙纸、墙布长度方向未留余量，或丈量的尺寸本身偏小，也会造成亏纸。

3）裱糊至挂镜线、贴脸板、顶棚和踢脚板，修剪多余墙纸时，裁剪得不平直密实。

4）采用搭接法裱糊墙纸、墙布时，在搭接处裁割操作中没能做到一刀裁割到底，出现多次变换刀刃的方向或钢直尺偏移或刀口角度不一的情况，揭撕墙纸小条时就会出现裱糊物边缘局部亏损，亏损部分会出现接缝不严、离缝的现象。

5）后裱糊的裱糊物没有与已裱糊好的裱糊物对好花纹图案及接缝就进行压实操作，干燥后墙纸出现离缝；或虽对花准确，但裱糊操作时赶压底层胶液推力过大，而使裱糊物边线出现位置移动；或胶液厚薄不均，在干燥过程中，裱糊物收缩不一，造成接缝不严、离缝。

（3）预防措施与缺陷整修　施工前，必须量准尺寸，并认真复核后，再裁割墙纸、墙布。在裁割已裱糊好的墙纸、墙布时，由一人按住尺子，另一人持刀正确裁纸，用力应适当，防止将基层面划出深痕。刀刃不锋利时应更换新刀片操作。为防止墙纸、墙布上下亏纸，应在裁纸时考虑预留一定长度，花饰裱糊物应将上口的花饰全部统一成一种形状，也可只在下口留余量，等待裱糊完后割掉多余部分。裱糊前除复合墙纸、玻璃纤维墙布、无纺贴墙布外，一般均应浸水处理，使其吸水后横向伸胀，一般 800mm 宽的墙纸能伸宽约 10mm，干后绷紧，应掌握此特性使墙纸裱糊后不离缝。

施工时，裱糊后一张墙纸时必须与前一张墙纸对好缝，不露缝隙。应从接缝处横向往外赶压胶液和气泡，不准斜向来回赶压或由两侧向中间推挤，目的是使对好缝的纸边不再走动；如果出现走动，应及时将纸边赶回原接缝位置至密缝。所以，在赶压气泡时，宜将一钢板尺按压在接缝处。

施工后，裱糊装饰面出现轻微离缝时，可用与裱糊物颜色相同的乳胶漆点描在缝隙内，漆膜干燥后可以遮盖；对于稍严重的部位，可用相同的墙纸、墙布补贴，不得有痕迹；严重部位应揭掉重贴。

3. 墙纸翘边、张嘴

（1）特征　如图 6-33 所示。

（2）原因

1）基层有灰尘、油污等，或表面粗糙干燥、潮湿致使胶液与墙面基层黏结不牢。

2）涂刷胶液不均匀、不完全，漏刷或胶液干燥过快。

3）黏结剂黏结力不够，特别是阴角处，第二张裱糊物粘贴在第一张裱糊物表面上，容易造成翘边。

4）包裹过阳角的墙纸宽度小于 20mm，没有能克服墙纸表面的张力，造成翘边。

（3）预防措施与缺陷整修　施工前，必须清除干净基层表面的灰尘、油污等，确保基层含水率不得大于 8%，

接缝和收口处出现墙纸边缘脱离基层并翘卷的现象。

图 6-33　裱糊物翘边、张嘴面层

并用腻子刮抹平整表面的凹凸不平，干后磨平后才能施工；根据不同施工环境、温度、基层表面及墙纸、墙布的品种，选择不同的黏结剂。

施工时，必须严格按配比或按制造商的说明调制黏结剂；刷胶要仔细、均匀，黏结剂应在规定时间

内用完；阴角墙纸搭缝时，应先裱糊压在里面的墙纸，再用黏性较大的胶液或用增刷 1 ~ 2 次胶液的方粘贴面层墙纸。搭接宽度一般不大于 30mm，且搭接在阴角处，并且保持垂直无毛边；严禁在阳角处甩缝，墙纸包裹过阳角不小于 20mm，包角墙纸用黏性较大的胶液或增刷 1 ~ 2 次胶液粘贴、压实。

　　施工后，裱糊物出现翘边，应将其翻起并检查原因。如基层不洁，应将基层处理后重新刷胶裱糊；如黏结剂强度不够，应更换高强度的黏结剂重新刷胶裱糊；如翘边后裱糊物附着的黏结剂变干变硬，除用高强度的黏结剂重新刷胶裱糊外，还需要用平整的铝合金型材顶紧加压，待其粘牢后才可拿走型材。

　　4. 墙纸、墙布表面出现斑污

　　（1）特征　如图 6-34 所示。

墙纸、墙布表面出现局部霉斑、星点或部分光亮亮斑等。

图 6-34　裱糊物表面出现斑污面层

　　（2）原因

　　1）墙面潮湿发霉引起的局部霉斑、星点。

　　2）裱糊物表面有未擦干净的胶迹，胶迹干后胶膜反光。

　　3）贴带花纹或较厚的墙纸、墙布时，刮板刮压力量过大，将花饰或厚塑料层压偏，致使墙纸表面光滑反光。

　　（3）预防措施与缺陷整修

　　1）施工前，对基层进行检查，一定要保持基层干燥；在批腻子后要用砂纸打磨墙面，不可用钢丝刷。

　　2）施工时，容易凝结水气的墙面（如浴室），可选用含防微菌剂的黏结剂。

　　3）施工后，墙纸、墙布上出现很多褐斑点，而且不易用家具或字画等遮掩时，必须揭下墙纸、墙布，彻底处理基层墙面后，重新裱贴墙纸、墙布；若墙面潮湿，在重新贴墙纸、墙布前，要用防微菌剂处理；若墙面阴凉，可用整卷泡沫聚苯乙烯作为衬纸。

　　5. 饰面空鼓（气泡）

　　（1）特征　如图 6-35 所示。

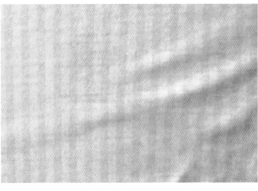

在墙纸、墙布表面上除缝隙黏结不牢外，其他任何地方出现的或大或小的"包状"凸起块，用手指按压，有弹性且有与基层附着不实、剥离的感觉。

图 6-35　裱糊物表面出现空鼓（气泡）面层

（2）原因

1）基层过分干燥或含水率超过要求，或基层不洁净。

2）基层或墙纸、墙布底面涂刷胶液厚薄不均或漏刷。

3）裱糊墙纸、墙布时，赶压不得当，往返挤压次数过多，使胶液干结失去黏结作用；挤压时用力过重，胶液被赶压过薄，墙纸、墙布黏结不牢；用力过轻，胶液过厚，长时间难以干结，形成胶囊状。

4）墙纸、墙布的周边过早压实，空气不易排出；未将墙纸、墙布内部的空气赶出而形成气泡；持纸上墙时未自上而下按顺序敷平，带进空气而无法排出；赶压无顺序。

5）裱糊施工时，有局部阳光直射或通风不均，使墙纸、墙布粘贴胶液干固时间不一。

6）石膏板或木板面及不同材料基层接头处嵌缝不密实，抗湿裂强纸带粘贴不牢，或石膏板面纸基起泡、脱落；木板面有较大节疤及油脂未经处理。

7）抹白灰的基层面或其他基层面强度低且疏松，本身有裂纹空鼓，或洞孔、凹陷处未用腻子分遍刮抹修补平整，存在未干透或不紧密的弊病。

（3）预防措施与缺陷整修　施工前，如果基层过分干燥，应先刷一道底油、底胶或涂料，不得喷水湿润基层面。如果基层含水率过高，应采取加强通风、安装空调机或吸湿机或喷吹热风等措施，使其含水率达到施工要求后才可施工；基层孔洞和凹陷不平处过大时，必须分遍塞或刮腻子，干燥后再刮第二遍腻子，直至密实、平整、干燥为止，千万不能一遍就彻底完工。如基层疏松、裂缝、空鼓，必须铲除并进行彻底处理至符合要求为止；石膏板或木板面及不同材料基层接缝处必须密实嵌缝，抗湿裂强纸带应粘贴牢固平整。应铲除干净石膏板纸基面的起泡并重新补贴。应用棉纱蘸酒精消除木板面较大节疤的油脂，再刮补腻子修平整。

施工时，避免阳光直射或穿堂风劲吹，室内温度、湿度差异过大时不要施工；涂刷黏结剂应厚薄均匀，为防止涂刷不均、漏刷，涂刷后用刮板刮一遍即可；严格按墙纸、墙布裱糊工艺施工，墙纸、墙布上墙时应自上而下紧贴基层面敷平，并用刮板由墙纸、墙布中间向两边轻轻地赶压，将气泡或多余的胶液赶出，不得使空气积存于墙纸与基层之间，使墙纸、墙布粘牢于基层上。不得先将周边压实，再赶压中间。赶压胶液时用力应均匀。

施工后，如出现气泡、空鼓，用注射针管从气泡上部刺进并将气抽出，再注射进胶液；注进胶液后，先用手指盖住针孔使胶液不流出，同时用手将胶液往针孔四周挤压，使胶液附着整个空鼓面后，再将多余胶液从针孔处挤出并及时擦抹干净，直至贴平贴实。也可用刀将气泡表面切开，挤出气体后再用黏结剂补粘压实。若凸起的部分由黏结剂聚集所致，则用刀开口后将多余黏结剂刮去，压实即可。

6. 黏结不牢

（1）特征　出现墙纸、墙布脱开，并从脱开处向中部延伸，造成墙纸、墙布与基层大面积或整幅剥离的现象。

（2）原因

1）基层未干透，或基层不平处有积灰。

2）墙面刷胶不完全或黏结剂黏结力不够。

3）墙纸贴在色浆涂料或者有光漆面上。

4）墙面上形成凝结水，未处理就进行裱糊。

（3）预防措施与缺陷整修

1）施工前，检查并确保基层含水率符合裱糊要求，特别要注意解决好浴室及厨房墙面凝结水的问题；将室内易积灰部位，如窗台水平部位，用湿毛巾擦拭干净；光漆及有色浆基层墙面应刷一道底漆，以增加黏附力。

2）施工时，必须严格按配比调配黏结剂，或按制造商的产品说明调制黏结剂；黏结剂应在规定时间内用完，否则易变质；要按正确的刷胶方法刷胶，要仔细、均匀，不可有漏刷现象，特别注意拐角处。

3）施工后，如出现墙纸、墙布脱开面积不大的现象，调一些黏结剂涂在墙上，把脱开处贴上即可；倘若墙纸、墙布一张张都脱开，则要全部揭下，对整个墙面重新处理，贴上墙纸、墙布。要注意黏结剂的配比，以保证胶粘性。

7. 对花不齐

（1）特征　有花饰的墙纸、墙布裱糊后，有两张或更多张墙纸的正反面或阴阳面不一致、裱贴颠倒；在门窗口的两边、室内对称的柱子、两面对称的墙面等部位出现裱糊的墙纸花饰不对称现象。

（2）原因

1）裱糊时未仔细区别裱糊物的正、反花或阴、阳花等花饰，造成相邻墙纸、墙布花饰的不同。

2）未对要裱糊墙纸、墙布的墙面进行周密的观察研究。

3）裱糊墙纸、墙布前没有区分无花饰和有花饰墙纸的特点，盲目裁割墙纸。

（3）预防措施与缺陷整修　施工前，认真区别有花饰的墙纸、墙布后，将上口的花饰统一裁割为一种形状，按照实际尺寸留出同一余量。

施工时，要仔细分辨印有正、反花或阴、阳花花饰的墙纸、墙布，最好采用搭接法进行裱糊，以避免由于花饰略有差别而误贴。采用接缝法施工时，如第一张墙纸、墙布的边花饰为正花，则必须将第二张墙纸、墙布边正花饰裁割掉；如果头两三条墙纸贴上去，边缘的图案对不齐，则要检查一下整批墙纸，确定墙纸边缘是否切得过多，并及时更换不合格的整卷墙纸；观察裱糊房间，仔细看有无对称部位，若有对称墙面，应认真设计排列墙纸、墙布的花饰，先裱糊对称部分，后贴边角并将搭缝挤入阴角处。

施工后，如果出现对花饰明显不对称的墙纸、墙布，应将裱糊的墙纸、墙布全部铲除干净，修补好基层，重新严格按施工工艺进行裱糊。

8. 色泽不统一

（1）特征　裱糊物表面有花斑，色相不统一，与原裱糊物颜色不一致。

（2）原因

1）基层干湿程度不一，或部分墙纸、墙布被日光曝晒，使其表面颜色变浅、发白。

2）没有一次购买足够相同批号的墙纸、墙布或其本身质量不佳，易褪色。

3）墙纸、墙布太薄，混凝土或水泥砂浆基层的深灰颜色映透到其表面，或基层泛碱；墙纸、墙布质量不良，本身颜色不均；墙纸、墙布吸湿或受潮而褪色。

4）墙纸、墙布表面被外来因素（如烟熏、飘雨打湿等）污染变色。

（3）预防措施与缺陷整修

1）施工前，为防止批号不同的墙纸、墙布存在颜色稍有差异的现象，应一次购买足够的裱糊物；选用不易褪色、较厚的优质产品，严禁使用残次品；基层颜色较深时，应选用较厚、颜色较深及花饰较大的裱糊物，且待基层含水率小于8%时，才可以裱糊；基层颜色深浅不一时，应刷一道1∶5白色乳胶漆水溶液盖底；基层如有泛碱现象，应先使用9%稀醋酸中和清洗，待其干燥后才能裱糊。

2）施工时，及时检查裱糊物，若发现同一批墙纸、墙布中有色差，应更换；若无法更换；应将这些墙纸贴在家具背后、窗洞等不显眼的地方，也可贴在不同的墙面上，使差异在不同的光线和阴影下看不出来。尽量避免墙纸、墙布处在日光下直接照射或在有害气体的环境中储存和施工。

3）施工后，裱糊物表面出现色泽不统一的情况时，应将褪色部分剪裁掉重贴，保持裱糊物色相一致；若发现裱糊物表面有严重色泽不一的裱糊工程，必须撕掉裱糊物，把基层清理干净并处理平整后，再严格按工艺要求重新裱贴。

9. 裱糊接缝、包角、花饰不垂直

（1）特征　相邻两张墙纸的接缝不垂直，阴、阳角处墙纸不垂直；墙纸的接缝虽垂直，但花纹不与纸边平行，造成花饰不垂直等现象。

（2）原因

1）基体或基层阴、阳角本身垂直度就有大偏差，裱贴其上的墙纸、墙布裱糊就跟着不垂直，最终使接缝和花饰不垂直。

2）第一张墙纸、墙布边未垂直，因误差积累，后续裱糊物偏差就更加严重，特别是有花饰的墙纸、墙布更明显。

3）墙纸、墙布本身质量有缺陷，花饰本身不与纸边平行，施工时未及时发现、处理。

（3）预防措施与缺陷整修

1）施工前，对基层表面或基层阴、阳角先进行检查，看看基层表面是否垂直平整、无凹凸等现象，阴、阳角是否垂直、方正。若不符合要求，必须进行修整，直到符合要求才能施工；根据阴角搭缝的里外关系，决定哪一面墙先进行裱糊，并进行裱糊前的弹线。

2）施工时，裱糊的第一张墙纸、墙布边必须紧靠弹线。采用接缝法裱糊花饰墙纸时，应先检查墙纸的花饰是否与纸边平行；如不平行，应将斜移的多余墙纸边裁割平整，然后裱糊。采用搭接法大面施工时，对于一般无花饰的墙纸、墙布，裱糊第二张时，搭接处只需搭接 2～3mm；对于有花饰的裱糊物，可将两张墙纸的纸边相对花饰重叠；除了按照正确的搭接拼缝施工方法对花准确外，一定要在接缝中间重吊垂直线，沿垂直线用钢直尺将重叠处压实，由上而下一刀裁割到底，将切断后的余纸撕掉，然后将拼缝敷平压实，这样可保证接缝的垂直。裱糊每一面墙的阴、阳角及所有基层处，均应弹出垂直线以防贴斜，垂直线越细越好。此外，也可以在裱糊第一张墙纸时按垂直分格控制线裱贴，裱糊第二张墙纸后就用线锤检查接缝垂直度，发现偏差及时纠正，保证阴、阳包角垂直。

3）施工后，墙纸、墙布接缝或花饰垂直度偏差较大时，必须将已贴裱糊物揭掉，把基层清理干净、处理平整后，再严格按工艺要求重新裱贴。

10. 表面有胶痕

（1）特征　裱糊物表面局部蘸有胶液或在缝隙处出现胶液溢出并向下流坠现象。

（2）原因

1）没有及时擦除拼缝处溢出的胶液，导致其向下流坠，在墙纸、墙布表面拼缝处形成局部胶痕。

2）操作者操作时手上沾有胶液，残留在墙纸、墙布表面而形成胶痕。

（3）预防措施与缺陷整修

1）施工前，操作者应人手一条干净毛巾，用于擦拭多余胶液。

2）施工时，应保持操作者的手、工具及施工环境的清洁；若手上沾有胶液，应及时用毛巾擦净。

3）施工后，拼接缝处或饰面上出现胶痕时，要用湿布轻擦胶痕、污渍几次，过 2～3min 后，再用湿布轻擦几次，直至胶痕软化，即可用湿布擦掉。

11. 皱褶、死褶

（1）特征　在墙纸、墙布表面出现皱纹棱背凸起的现象。

（2）原因

1）墙纸材质不良或墙纸较薄。

2）操作技术欠佳。

（3）预防措施与缺陷整修

1）施工前，选择材质优良的墙纸，禁用残次品。对优质墙纸也需进行检查，厚薄不均要剪掉。

2）施工时，应用手将墙纸舒展平后，才能用刮板赶压，用力要匀。若墙纸未能舒展平整，不得使用钢皮刮板推压，特别是墙纸、墙布已经出现褶皱时，必须将墙纸、墙布轻轻揭起慢慢推平，再赶压平整。

3）施工后，如表面出现皱褶、死褶，应趁其未干，并用湿毛巾轻拭饰面使之湿润，用手将其舒平；待无皱褶时，再用橡胶滚或刮板等赶压平整。必要时可用中低温电熨斗熨平整后再补胶重新裱糊；如果裱糊饰面已经干结，则应将墙纸铲除干净，重新处理基层后再裱贴。

参考文献

[1] 陈永 . 建筑油漆工技能 [M]. 北京：机械工业出版社，2008.

[2] 陈永 . 家居装饰项目：施工图节选 [M]. 北京：知识产权出版社，2011.

[3] 陈永 . 家居装饰项目：装饰设计与表现、材料、构造、预算 [M]. 北京：知识产权出版社，2011.